上海智库报告

SHANGHAI ZHIKU BAOGAO

从建源到施策

新征程中上海国际科创中心建设

陈强 鲍悦华 荣俊美 马永智

夏星灿 王浩 鲁思雨 贾婷 等 / 著

上海人民出版社

出 版 说 明

    智力资源是一个国家、一个民族最宝贵的资源。中国特色新型智库是智力资源的重要聚集地,在坚持和完善中国特色社会主义制度、全面推进中国式现代化过程中具有重要支撑作用。党的十八大以来,习近平总书记高度重视中国特色新型智库建设,多次发表重要讲话、作出重要指示、提出明确要求,强调把中国特色新型智库建设作为一项重大而紧迫的任务切实抓好。在习近平总书记亲自擘画下,中国特色新型智库的顶层设计逐步完善,智库建设迈入高质量发展的新阶段。

    上海是哲学社会科学研究的学术重镇,也是国内决策咨询研究力量最强的地区之一,在新型智库建设方面一向走在全国前列。近年来,在市委和市政府的正确领导下,全市新型智库坚持"立足上海、服务全国、面向全球"的定位,主动对接中央和市委重大决策需求,积极开展重大战略问题研究,有力服务国家战略,有效助推上海发展。目前,全市拥有上海社会科学院、复旦大学中国研究院等 2 家国家高端智库建设试点单位,上海全球城市研究院、上海国际问题研究院等 16 家重点智库和 10 家重点培育智库,初步形成以国家高端智库为引领,市级重点智库为支撑,其他智库为补充,结构合理、分工明确的新型智库建设布局体系。

　　"上海智库报告"是市社科规划办在统筹推进全市新型智库建设的过程中，集全市之力，共同打造的上海新型智库建设品牌。报告主要来自市社科规划办面向全市公开遴选的优秀智库研究成果，每年推出一辑。入选成果要求紧扣国家战略和市委市政府中心工作，主题鲜明、分析深刻、逻辑严密，具有较高的理论说服力、实践指导作用和决策参考价值。"上海智库报告"既是上海推进新型智库建设的重要举措，也是对全市智库优秀研究成果进行表彰的重要形式，代表上海新型智库研究的最高水平。

　　2023 年度"上海智库报告"深入学习贯彻落实党的二十大精神，紧密结合主题教育和十二届市委三次全会精神，聚焦上海强化"四大功能"、深化"五个中心"建设的一系列重大命题，突出强调以落实国家战略为牵引、以服务上海深化高水平改革开放推动高质量发展为基本导向，更加注重报告内容的整体性、战略性和前瞻性，引导全市新型智库为上海继续当好全国改革开放排头兵、创新发展先行者，加快建设具有世界影响力的社会主义现代化国际大都市，奋力谱写中国式现代化的新篇章提供智力支撑。

上海市哲学社会科学规划办公室

2023 年 9 月

目　录

序

　　2014 年 5 月，习近平总书记考察上海，要求上海要努力在推进科技创新、实现创新驱动发展战略方面走在全国前头、走在世界前列，加快向具有全球影响力的科技创新中心进军。这一战略愿景对于上海未来发展具有十分深远的意义。近十年来，在党和国家的坚强领导下，上海上下同心，踔厉奋发，对标国际一流水平，积极推进具有全球影响力的科技创新中心建设。

　　2015 年 5 月，上海发布《关于加快建设具有全球影响力的科技创新中心的意见》(简称"科创 22 条")，努力推进科技创新，实施创新驱动发展战略，加快建设具有全球影响力的科技创新中心。2019 年 3 月，上海在"科创 22 条"基础上，结合新的形势发展，又发布了《关于进一步深化科技体制机制改革　增强科技创新中心策源能力的意见》(简称"科改 25 条")，旨在破除一切制约科技创新的思想障碍和制度藩篱，全面深化科技体制机制改革，推动上海全面实施创新驱动发展战略，加快建设具有全球影响力的科创中心。2020 年 5 月，上海施行《上海市推进科技创新中心建设条例》，以提升创新策源能力为目标，对以科技创新为核心的全面创新作出了系统性和制度性的安排。"十三五"期末，上海科创中心基本框架如期形成，科技创新的条件和基础进一步夯实，重大原创科技成果持续涌现，落实国家重大科技任务的能力明显增强，产业新高地建设取得显著成效，体制机制改革不断深化，为国内其他地方的改革实践提供了一系列可复制、可推广的经验。

在国家创新体系乃至全球创新版图中，上海的影响力和显示度持续提升，位置不断前移。科技部中国科技发展战略研究院发布的《区域综合科技创新水平指数》显示，上海连续多年稳居全国省级行政单元榜首。在自然指数—全球科研城市排行榜中，上海跻身前三。上海市知识竞争力与区域发展研究中心等机构发布的《亚太知识竞争力指数》显示，上海居于亚太地区次席。在世界知识产权组织、美国康奈尔大学与欧洲工商管理学院等发布的全球百强科技集群榜单中，上海—苏州集群位列第六位。全球前沿科技咨询机构 ICV TANK 发布的《全球未来产业发展指数报告》显示，上海排在第七位。这些指数分别从特定角度出发，观察世界主要创新城市在科技创新不同侧面、不同环节上的表现及潜力。以上排名结果在一定程度上佐证了这些年来上海科创中心建设所取得的成效。

近年来，科技创新发展出现了诸多新的趋势，与之密切相关的国际形势也发生了一系列的深刻变化。以习近平同志为核心的党中央始终把创新作为引领发展的第一动力，摆在党和国家发展全局的核心位置，并明确了到本世纪中叶建成世界科技创新强国的宏伟目标。在新征程中，上海建设国际科创中心的使命光荣，任务艰巨。必须在深刻理解科学发展新规律，科学研判科技创新发展新趋势，准确把握国家高水平科技自立自强新需求的基础上，识别上海科创中心新一轮发展中的关键问题，进行系统分析，并形成对策。

本书研究以上海国际科创中心新一轮发展为主线，按照"前瞻性布局—条件和能力建设—体制机制突破"的整体逻辑展开，围绕上海国际科创中心建设中的若干关键问题开展探索性研究，具体包括：基础研究和应用基础研究的全社会投入机制，建制性科技力量与社会创新力量结合的模式及机制，发挥国企在上海科创中心建设中功能保障作用，面向未来产业的有组织、有策略的颠覆性创新，五个新城与科创中心功能布局，技术快速迭代背景下科技伦理风险控制及制度供给策略等问题。这些问题对于上海科创中心新一轮发展的意义重大，值得深入思考和研究。参与本书写作的主要有陈强、鲍悦华、荣俊美、马永智、夏星灿、王浩、鲁思雨、贾婷、王倩倩、桑铭晨、李佳弥、梁佳慧、朱佳程等，由陈强、鲍悦华负责统稿。

本书的研究成果基于不断深化的阶段性认识形成，其中难免存在一些片面或主观的判断。另外，全球科技创新发展风起云涌，国际形势变幻莫测，一部分研究结论和建议可能滞后于形势发展。希望读者海涵，并提出宝贵意见。写作小组的想法是单纯且明确的，就是为上海国际科创中心新一轮发展贡献自己的绵薄之力。

陈强、鲍悦华等

2023 年 3 月

第一章
上海国际科创中心的战略升级

第一节　形势和任务

2023 年，是全面贯彻落实党的二十大精神的开局之年，是实施"十四五"规划的关键一年。我国已进入全面建设社会主义现代化国家、向第二个百年奋斗目标新征程进军的重要阶段。2015 年 5 月以来，上海相继出台《中共上海市委上海市人民政府关于加快建设具有全球影响力的科技创新中心的意见》（以下简称"科创 22 条"）、《关于进一步深化科技体制机制改革　增强科技创新中心策源能力的意见》（以下简称"科改 25 条"）、《上海市推进科技创新中心建设条例》，科技创新各项工作始终积极贯彻落实习近平总书记"加快向具有全球影响力的科技创新中心进军"的重要指示精神，根据"四个放在"和"四个面向"总体要求，上海不断强化创新策源能力，在关键核心技术领域取得一系列重要突破，已成为全球创新网络的关键节点城市，依托源源不断的科技供给，有力支撑了其他"四个中心"的建设和发展。截至

2020 年底，上海科技创新中心的基本框架业已形成，在《上海市建设具有全球影响力的科技创新中心"十四五"规划》的新起点上，上海正向着更高水平和更高能级的国际科技创新中心迈进。

科技是国家强盛之基，创新是民族进步之魂。习近平总书记在党的二十大报告中强调，必须坚持科技是第一生产力、人才是第一资源、创新是第一动力，深入实施科教兴国战略、人才强国战略、创新驱动发展战略，开辟发展新领域新赛道，不断塑造发展新动能新优势。这一论述深刻揭示了科技进步、教育发展、经济社会前行三者之间相互推升、彼此促进的耦合关系，也为上海国际科创中心未来发展指明了方向和路径。对于上海国际科创中心建设，上海市委书记陈吉宁指出，要敏锐把握新一轮科技革命和产业变革最新趋势，及早谋划科技和产业布局，推动教育、科技、人才深度融合，积极参与全球科技协同创新，突破堵节问题和卡脖子领域，疏通基础研究、应用研究和产业化双向链接的快车道，打造创新"核爆点"。

在践行新思想和新要求的同时，必须加强对科技创新发展的规律认识和趋势研判，并深化对上海科创发展内外部环境正在发生的一系列深刻变化的认识。

1. 科技创新发展规律

科技创新的供给侧、需求侧及其互动关系处在不断变化之中，这对加强科技创新供给侧与需求侧的精准对接、推动科技创新成果向现实生产力的高效转化提出更高要求。在新一代信息技术的推动下，科学研究范式、科技创新模式和科研组织形式正在悄然演进，从科学研究、技术发明、产业化，到市场价值的实现路径、转化方式及互动界面发生诸多新的变化。随着技术突破速度的加快，研发与应用双螺旋推进成为新趋势，创新链与产业链的耦合日益紧密，创新活动不断向下游延伸，"生产"成为继"研究""发展"后的第三创新环节，三者之间的距离日益缩短，"市场需求—技术需求—科学突破"的反向牵引作用愈加明显。创新活动的学科、技术、组织及地域边界不断拓展，交叉融合加速，多主体协同更加紧密，技术集成的质量和效率逐步提升，技术集群式突破和颠覆性技术对于原有技术路线和产业形成逻辑产生的"归零效应"愈加明显。

2. 国际发展环境

当前，国际发展环境错综复杂，云谲波诡。一是新一轮科技革命和产业变革正在重塑全球竞争格局。以人工智能、大数据、5G、物联网等新技术推动的第四次工业革命不断迈向深入，引发生产力快速提升和生产模式巨大变革，对经济社会发展产生深刻影响，在影响全球治理模式与竞争格局的同时，也深度改变人们的生活习惯与行为方式。主要科技强国都致力于强化本国科技创新能力，纷纷抢滩布局前沿科技和未来产业，在人工智能、量子科技、5G/6G、网络安全、新材料、新能源等领域制订规划，进行前瞻布局，加大研发投入，加快设施和平台建设，并在策源性研究和颠覆性技术研发等方面寻求突破，谋求在未来科技和产业竞争中赢得先机。另外，新冠疫情对世界经济造成的巨大冲击，迫使各国纷纷向科技创新寻求"答案"，以形成在生物医药、公共健康等领域的领先优势，培育未来经济增长新动能。

二是全球政治经济发展中单边主义和封闭主义倾向抬头。一方面，民族利益优先、本国利益至上的情绪波动蔓延，对外封闭或有条件地开放国内市场逐步成为新常态。世界主要国家将技术自主可控和供应链安全提升到战略高度，加快调整产业链和创新链布局，着力增强对其中关键核心环节的掌控能力，甚至试图强行改变全球化背景下的国际分工格局。另一方面，新技术民族主义开始抬头，以美国为首的技术领先国家在科研合作、平台共享、人员交流、出口管制、市场准入等方面，综合运用政治打压、外交结盟、行政管辖、法律诉讼、经济制裁、技术封锁等手段，加强对本国领先技术的保护，同时采取一切措施限制其他国家先进技术的发展，阻断其价值链升级，巩固并发展其"技术霸权"。2021 年 6 月，美国和欧盟宣布成立美国—欧盟贸易和技术委员会（U. S.-EU Trade and Technology Council，简称为 TTC），基于"民主价值观"加强跨大西洋合作伙伴关系，进一步强化技术出口管制与投资审查，主导人工智能、数字进入等领域国际标准，并确保半导体、稀土等供应链安全。[1]

三是国际科技交流与合作面临空前严峻挑战。随着大国之间战略博弈和地缘冲突日趋激烈，科技创新正越来越多地遭受政治裹挟，"科学无国界"神话正被打破。2021 年 5 月 18 日，欧盟委员会发布其最新国际科技合作战略报告《全球研究与创新方法：变化世界中的欧洲国际合作战略》，将中国视为欧盟应对全球挑战的伙伴和系统性竞争对手，重新平衡与中国的科研创新合作。[2] 2022 年 5 月 30 日，

［1］ EU-US Trade and Technology Council, 2022: "U. S.-EU Joint Statement of the Trade and Technology Council, Paris-Saclay, France". https://ec.europa.eu/commission/presscorner/detail/en/ip_22_3034，发布日期：2022 年 5 月 16 日。

［2］ EUROPEAN COMMISSION. 2021: "COMMUNICATION FROM THE COMMISSION TO THE EUROPEAN PARLIAMENT, THE COUNCIL, THE EUROPEAN ECONOMIC AND SOCIAL COMMITTEE AND THE COMMITTEE OF THE REGIONS on the Global Approach to Research and Innovation: Europe's strategy for international cooperation in a changing world". 布鲁塞尔，发布日期：2021 年 5 月 18 日。

《自然》杂志称，在过去三年多时间里，共同署名中美科研机构的论文作者数量下降超过20%，中美科研机构共同署名的论文数量在2021年也出现下降，这一趋势短期内很难发生改变。[1]

错综复杂的国际形势凸显了推进高水平科技自立自强的紧迫性和重要性，通过自主创新确保产业链安全，实现关键核心技术自主可控已成为我国的现实选择，也成为上海国际科创中心建设的重要使命。

3. 国内发展环境

2020年12月，科技部发布《长三角科技创新共同体建设发展规划》，开启建设具有全球影响力长三角科创共同体的序幕。这是我国政府面对全球百年未有之大变局，深入践行"双循环"战略的重大举措，通过在全国基础最好的长三角地区打造国际一流的科技创新生态，打通长三角科创资源自由流动的"任督二脉"，激发上海国际科创中心的龙头辐射效应，发挥各地创新优势，形成区域科技创新的体系化能力，将长三角地区建设成中国最具影响力和带动力的强劲活跃增长极。近年来，合肥、杭州、南京等城市快速崛起，并显示出旺盛的发展后劲，已成为国家或区域科技创新的重要节点和枢纽。在上海，浦东新区正在加快建设自主创新新高地，建制性科技力量与社会创新力量加速融合；五个新城也正在向着"独立""综合""节点"城市和上海国际科创中心重要承载区的目标奋进。随着上海国际科创中心和长三角科创共同体建设逐步进入关键时期，体制机制改革也渐渐迈入深水区，科创资源的跨区域流动正变得越来越便捷和频密，跨区

---

[1]　Nature. 2022: "The number of researchers with dual US-China affiliations is falling". https://www.nature.com/articles/d41586-022-01492-7，发布日期：2022年5月30日。

域创新协同的组织形式也不断推陈出新。长三角科创共同体建设在赋予上海未来发展更多可能性的同时，也有可能削弱上海在集聚科创资源方面的传统竞争优势，倒逼上海不断增强创新策源能力，提升竞争中的生态位势。上海科技创新工作必须有更强的责任感与紧迫感，理顺内外部的发展关系，把握好重大历史机遇，继续当好改革开放排头兵、创新发展先行者，为高水平科技自立自强和第二个百年奋斗目标的实现贡献上海力量。

第二节　目标和战略

从上述分析可以看出，全球科技创新形势持续发生深刻变化，科技创新加速迭代发展，处于密集突破的关键时期。中美科技竞争日趋激烈，国际科技交流与合作严重受阻。新冠疫情也对全球产业链和供应链带来一系列深刻影响，这些都给科技创新带来诸多新的压力和挑战。在建设世界科技强国的新征程中，上海国际科技创新中心新一轮发展，就是要成为国家创新策源和关键核心技术攻关的重要基地、经济社会发展动能转换的先行区域、科技赋能人民城市建设的示范样板、长三角科技创新一体化发展的动力引擎、科技体制机制改革和高水平对外开放的前沿阵地。

根据这一目标定位，上海国际科技创新中心新一轮发展应紧扣"高水平科技自立自强"的核心要义，做好三个方面的工作。首先，应加快创新策源的前瞻性布局，形成国家创新驱动发展的战略纵深，夯实国家创新体系的战略储备。加快打造面向先导产业的战略科技力量，尽快形成针对"卡脖子"技术瓶颈的攻坚克难和战略制衡能力。同时，努力建设成为国家创新体系的高能级节点和全球创新网络的重要枢纽，吸引和集聚高等级创新要素。其次，应持续推进科技创新的条件和能力建设，依托已经形成的科创中心基本框架体系，全面提升创新策源功能，推动重大原始创新成果不断涌现。并着力推进高质量成果转化，增强高端产业对于地方经济增长的引领和带动能力。第三，应加大体制机制突破的探索力度，找准制约上海科创发展的梗节问题和关键瓶颈，勇于试错，做好改革开放"深水区"的探路人，为国内其他区域提供更多可复制、可推广的经验。

上海国际科创中心新一轮发展，应"源""策"并举，既要着力建源，也要加快施策。

"源"主要指向条件建设，指的是通过合理的政策设计和制度安排，吸引和集聚人才、机构、技术、金融资本、社会资本、管理等各方面的创新资源，按照一定逻辑，构建科技创新的基础条件和框架体系。创新之"源"包括"硬"和"软"两个方面，前者包括重大科研基础设施、卓越的教育和研究机构、充沛的创新空间和产业载体、丰富的科技创新要素资源等；后者包括成熟的科技创新服务体系、高效便捷的营商环境、宽容的社会文化氛围、较高的公民科学素养、健康且富有活力的创新生态等。

"策"更多强调行动，即通过策划、组织和开展各种活动，以及有效的体制机制改革，将"源"所蕴藏的能量释放出来。在宏观上，指的是瞄准世界科技发展前沿，聚焦国家重大战略需求，发现和把握科技创新机会，培育战略性科技力量，发起大科学计划和大科学工程，催生重大科学发现和技术发明，孵化战略性新兴产业和未来产业。在中观和微观层面，则是指依托创新之"源"的基础性条件，策划和组织各类科研和创新活动、促进多元创新主体互动和合作网络形成、推动基础技术开发及工程化、开展新产品或服务架构设计等具体举措。

"策"与"源"是辩证统一的关系，两者互为依托，彼此促进，呈现双螺旋交错推升的结构特征。"源"积累到一定程度，可以形成"策"的前提和条件；"策"进展至特定阶段，可以激发场效应，催生科技创新成果，并进一步推动"源"的内涵深化和能级提升。

第三节　本书聚焦的三个维度

本书以上海国际科创中心新一轮发展为主线，按照"前瞻性布局—条件和能力建设—体制机制突破"的整体逻辑展开，围绕上海国际科创中心建设中的若干关键问题开展研究。

在前瞻性布局方面：一是聚焦基础研究与应用基础研究的全社会投入机制，在对上海基础研究投入机制及投入现状与缺陷进行分析的基础上，结合国际经验，探讨如何更好地激发区域科技创新的源头活力。二是关注国外有组织、有策略颠覆式创新活动的组织特点，归纳出这些国家和实施主体如何对未来产业中的颠覆式创新进行创造、控制和应用，总结其成功经验与失败教训，分析其对未来产业高质量发展的影响。三是探讨建制性科技力量与社会创新力量结合的融合机制，梳理战略科技力量的主导结构和运行模式。

　　在条件和能力建设方面：一是聚焦浦东自主创新新高地建设，根据全球创新高地的普遍特征，解析自主创新新高地的显示性与解释性指标体系，并对浦东自主创新现状与短板进行初步诊断。二是关注"五个新城"的战略与功能定位，在对全球科创中心的内涵分析基础上，对五个新城的创新发展基础及问题进行梳理，提出五个新城在上海国际科创中心建设中的功能定位与发展思路，并提出具体政策建议。

　　在体制机制突破方面，重点研究两个问题：一是研究如何更好发挥国企在上海国际科创中心建设中的功能保障作用，具体包括如何进一步把握自身优势和资源，努力推动关键共性技术攻关，提高国资管理的效率和质量，不断集聚并释放社会创新力量的能量，逐步开放公共数据和准公共数据资源，科学规划、统筹优化国企存量土地，主动释放国企高水平人才创新能量等问题。二是通过对技术快速迭代这一重要背景进行深刻解构，深化认识科技创新内外部环境的变化趋势，明确上海建设国际科创中心的新目标导向；通过对科技伦理的概念内涵及外延进行界定，识别和研判当前及未来上海建设国际科创中心面临的潜在科技伦理风险，进一步明确风险控制的新需求；通过分析具体新兴技术领域的治理现状，切入微观层次，进一步探究当前科技伦理风险治理陷入的新困境；通过对科技伦理风险的特殊性分析，提出科技伦理风险控制的战略思路及优化策略，进而明确技术快速迭代背景下科技伦理风险控制的制度供给导向，设计上海国际科创中心建设中科技伦理治理的制度化路径。

　　本书研究的技术路线图如图 1-1 所示。

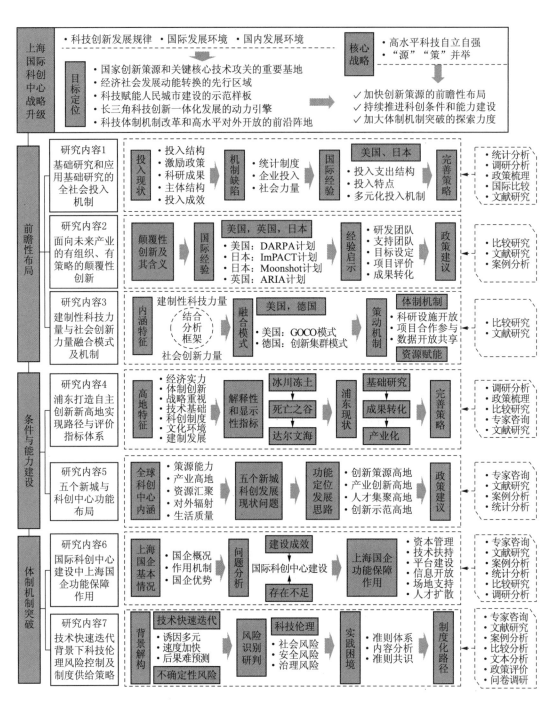

图 1-1　本书研究的技术路线图

第二章
基础研究和应用基础研究的全社会投入机制

　　基础研究是科技创新的源头。加强基础研究是国家科技工作的重中之重，而基础研究和应用基础研究投入不足是长期制约我国科技发展的根本原因。党的十九届五中全会提出要"加大研发投入，健全政府投入为主、社会多渠道投入机制，加大对基础前沿研究支持"。2020年4月29日，科技部、财政部等六部委共同制定《新形势下加强基础研究若干重点举措》，明确指出：要加大对基础研究的稳定支持，完善基础研究多元化投入体系，引导和鼓励企业加大对基础研究和应用基础研究的投入力度，鼓励社会资本投入基础研究，支持社会各界设立基础研究捐赠基金。因此，构建和完善基础研究和应用基础研究的全社会投入机制，已成为上海建设国际科创中心的重要议题。

　　1997年，美国学者D.E.司托克斯提出研发的二维模型，将纯粹基础研究称为玻尔象限，将由应用引发的基础研究称为巴斯德象限。[1] 2015 年，经济合作与发展组织（Organization for Economic Co-operation and Development，简称 OECD）发布《弗拉斯卡蒂手册》第 7 版，基础研究的定义扩展了定向基础研究的概念，即面向未来潜在应用的研究。2019 年，我国发布《研究与试验发展（R&D）投入统计规范》，对基础研究的概念进行扩展：基础研究是一种不预设任何特定应用或使用目的的实验性或理论性工作，其主要目的是为获得（已发生）现象和可观察事实的基本原理、规律和新知识。基础研究的成果通常表现为提出一般原理、理论或规律，并以论文、著作、研究报告等形式为主，包括纯基础研究和定向基础研究。纯基础研究是不追求经济或社会效益，也不谋求成果应用，只是为增加新知识而开展的基础研究。定向基础研究是为当前已知的或未来可预料问题的识别和解决而提供某方面基础知识的基础研究。定向基础研究通常被称为应用基础研究，是突破"卡脖子"技术的重要战略方向。应用基础研究呈现出对市场发展和产业升级的明显直接影响，各国在脑科学、量子计算等前沿科技领域的布局包含大量应用基础研究，相较于纯基础研究，应用基础研究呈现出更激烈的竞争态势。此外，企业投入基础研究主要是在应用基础研究领域。国家战略目标驱动下进行的基础研究体系化布局，既包含应用基础研究，也应包含纯基础研究。相较于以好奇心驱动的纯基础研究，应用基础研究竞争更加激烈，更有利于激发社会资本活力，构建基础研究多元投入体系。而纯基础研究距离市场较远，市场失灵现象更为显著，更加需要且依赖政府进行长期

---

[1] ［美］D. E. 司托克斯：《基础科学与技术创新：巴斯德象限》，周春彦等译，科学出版社 1999 年版。

稳定的投入。本书通过剖析上海当前基础研究与应用基础研究的全社会投入机制，基于投入现状、投入机制缺陷及国际经验的分析，为优化基础研究投入机制提出相应策略。

第一节　上海基础研究和应用基础研究投入现状

基础研究和应用基础研究投入不足是基础研究薄弱、关键核心技术被"卡脖子"的根源。[1]数据显示，中国基础研究比重与 OECD 成员国平均比重（近年来约为 20%）存在较大差距。目前，我国基础研究经费支出总量已超英、日，但与美国差距较大，基础研究投入占比仍然较低。近年来，我国基础研究支出总额从 2019 年的 1335.6 亿元增长至 2021 年的 1817 亿元，基础研究经费投入总量已经超过日本，但是较美国还有很大的差距。2020 年，美国投入基础研究约 7490.6 亿元。如表 2-1 所示，从基础研究占研发投入比重来看，2019 年中国首次突破 6%，而英国约为 11.1%，日本达 12%，美国超过 15%。同时，对比我国科技实力较强的地区，北京市基础研究投入比重最高，达到了 16%，且基础研究投入强度高达 1%；上海市、广东省的基础研究投入比重超出国家水平，2021 年分别达到了 9.8%、8.9%，但是距离其"十四五"目标还有相当距离。

---

[1]　荣俊美、陈强：《基础研究"两头在外"如何破局？》，《中国科技论坛》2021 年第 11 期。

表 2-1　近年主要创新型国家和我国前三省市基础研究数据

基础研究指标	美国	英国	日本	中国	北京市	上海市	广东省
2019 年经费（亿元）	6966.3	611.9	1301.4	1335.6	355.5	135.3	141.9
2019 年比重	16.4%	11.1%	12.5%	6%	15.9%	8.9%	4.6%
2019 年强度	0.50%	0.35%	0.43%	0.14%	1.00%	0.35%	0.13%
2020 年经费（亿元）	7490.6	—	1398.9	1467	373.1	128.28	204.10
2020 年比重	15.1%	—	12.3%	6%	16.0%	7.94%	5.9%
2020 年强度	0.52%	—	0.40%	0.14%	1.04%	0.33%	0.18%
2021 年经费（亿元）	—	—	—	1817	422.5	177.7	274.27
2021 年比重	—	—	—	6.5%	16.1%	9.8%	8.9%
2021 年强度	—	—	—	0.16%	1.00%	0.4%	0.22%
"十四五"目标比重	—	—	—	8%	—	12%	10%

注：基础研究比重 = 基础研究支出 /R&D 总支出；基础研究强度 = 基础研究支出 / GDP。

数据来源：OECD，2019 中国科技统计年鉴，中国统计年鉴。

基于以上数据对比分析，我国基础研究投入总量已位居国际前列，但是与我国的经济发展和 R&D（科学研究与试验发展，research and development）总量水平不匹配。相较于科技强国，我国基础研究在 R&D 中的比重偏低，在国民经济总量中的占比更低。调整 R&D 结构，加大基础研究投入力度成为我国科技发展的重要战略选择。

一、上海基础研究与应用基础研究投入不断提升

上海基础研究投入经费位列全国第二位，仅次于北京。基础研究投入比重高于全国水平，但低于英、日、美，且低于北京。2020 年基础研究活动支出经费 128.28 亿元，较 2019 年减少 7 亿元，2021 年基础研究投入经费 177.7 亿元，再次达到新高。科技发展规划方面，上海市在"十四五"规划纲要中提出基础研究比重要达到 12%

左右，近年来的基础研究比重分别是：2019 年 8.9%，2020 年 7.9%，2021 年 9.8%，要完成规划目标仍然有较大的挑战。上海基础研究投入比重达到 12% 左右的目标处于全国前列水平，江苏省设定了基础研究投入占比达到 5% 的目标，广东省"十四五"规划中提出要达到 10%，同时也提出财政科学技术支出中用于基础研究的支出比重超过 10%；深圳市率先以立法形式规定"市政府投入基础研究和应用基础研究的资金应当不低于市级科技研发资金的 30%"。

近年来，各类执行主体的 R&D 活动类型结构如图 2-1 所示，自 2020 年以后，上海市统计年鉴不再公布高校和研究机构的 R&D 类型的经费情况。规模以上工业企业的基础研究在企业 R&D 占比几乎为 0，应用研究仅占 1%，规模以上工业企业 R&D 活动 99% 是试验发展。

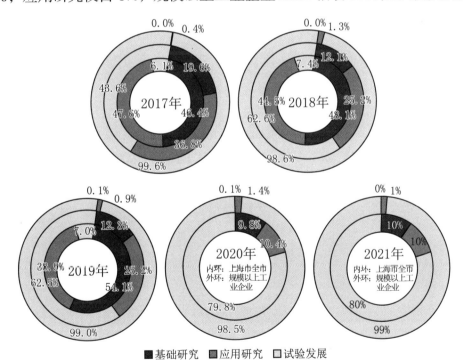

图 2-1 上海历年各类执行主体的 R&D 活动类型结构

注：2017—2019 年的环形图由内向外依次为：高等学校、研究机构、规模以上工业企业。

二、上海（应用）基础研究投入激励政策特色化

为落实加强基础研究与应用基础研究的中央政策要求，实现上海市基础研究发展目标，2021年10月19日，上海市颁布实施《关于加快推动基础研究高质量发展若干意见》，优化基础研究布局，夯实基础研究能力，壮大基础研究人才队伍，深化国内外交流与合作，优化基础研究发展环境，率先试点设立基础研究特区、启动探索者计划。

1. 基础研究特区

"基础研究特区"选择基础研究优势突出的部分高校和科研院所，以五年作为一个资助周期，面向重点领域和重点团队，给予长期、稳定支持，赋予充分科研自主权，支持机构自由选题、自行组织、自主使用经费。2021年，复旦大学、上海交通大学和中国科学院上海分院作为首批3家试点单位，探索项目遴选、考核机制。从容错机制、简化申报流程、支持青年科研人员等方面给予科研人员自主权，打造高成长性人才团队。另外，研究选题注重研究活动"从0到1"的前沿性，支持重点学科、新兴学科、冷门学科和薄弱学科发展，推动学科交叉融合和跨学科研究，重点聚焦"物理+""化学+""生命+""海洋+"等领域。2022年，在同济大学、华东师范大学、华东理工大学3家单位开展第2批试点。

2. 探索者计划

"探索者计划"聚焦产业发展中的科学问题和前沿技术，探索政府与企业多元投入机制，吸引企业与政府共同出资，资助企业或者行业共同关心的一些核心技术底层的科学问题，支撑产业的创新发展。2022年，上海市"探索者计划"已资助项目17项，引导企业投入

936 万元。

3. 国家自然科学基金委区域创新联合基金

国家自然科学基金委与地方政府共同出资设立区域创新发展联合基金，旨在发挥国家自然科学基金的导向作用，吸引和集聚全国的优势科研力量，围绕区域经济和社会发展中的重大需求，聚焦关键科学问题，开展基础研究和应用基础研究，促进跨区域、跨部门的协同创新，推动我国区域自主创新能力的提升。国家自然科学基金委区域创新联合基金已在山东、四川、山西、广东等地区广泛施行，是扩展基础研究与应用基础研究投入多元化的重要途径。

4. 实施"包干制"和"原创探索项目"

科研经费"包干制"，不设科目比例限制，由科研团队自主决定使用，充分放权，为科研人员"减负松绑"，这一模式在多个省份试点实施。"包干制"试点是根据科研人员的经费管理、科研成果、科学操守、素养及科研团队的稳定性等前提条件决定的。"包干制"在实施过程中，依托单位需注重经费使用的监督和监管。

上海市自然科学基金新设"原创探索"类项目，在基础研究领域为"从 0 到 1"的项目开辟单独"赛道"，进一步鼓励原创导向，激励更多科研人员开辟新领域、提出新理论、发展新方法，取得重大开创性的原始创新成果。2020 年，经过两轮评审共有 37 个项目入围，入选者的平均年龄仅 36.7 岁，最年轻的只有 29 岁。

三、上海（应用）基础研究实力雄厚、成果丰富

"十四五"规划确定了上海建设具有全球影响力的科技创新中心

的发展定位，增强基础研究与应用基础研究整体实力是实现这一发展目标的前提。近年来，上海在原有基础上不断提升基础研究实力，深化高校创新能力建设、建设张江综合性国家科学中心、组织实施基础前沿重大战略项目、前瞻布局基础研究等措施相继落地实施。面向产业发展的关键核心基础，在集成电路、生物医药、人工智能等领域实施科技创新国家重大专项，市级科技重大专项也前瞻布局了量子信息、脑机接口、智能仿生等前沿技术。上海拥有"双一流"高校15所，在沪国家实验室3家，新型研发机构17家，研发与转化功能型平台15家，全国重点实验室44家，上海市重点实验室170家，国家工程技术研究中心21家。具体情况如表2-2所示。

表2-2　上海开展基础研究可依托的资源

类型	基础研究资源
高校	复旦大学、上海交通大学、同济大学、华东师范大学、华东理工大学、东华大学、海军军医大学、上海大学、上海财经大学、上海中医药大学、上海海洋大学等
国家实验室（3家）	张江国家实验室、临港国家实验室、浦江国家实验室
国家级科研院所（8家）	中国电子科技集团有限公司第三十二研究所、上海船用柴油机研究所（中国船舶重工集团公司第七一一研究所）、中国商飞上海飞机设计研究院、上海生物制品研究所有限责任公司、中国航空无线电电子研究所、中国科学院微小卫星创新研究院、电信科学技术第一研究所有限公司、中国电子科技集团公司第五十研究所
全国重点实验室（44家）	纤维材料改性国家重点实验室（东华大学）、医学神经生物学国家重点实验室（复旦大学）、遗传工程国家重点实验室（复旦大学）、专用集成电路与系统国家重点实验室（复旦大学）、应用表面物理国家重点实验室（复旦大学）、生物反应器工程国家重点实验室（华东理工大学）、医学基因组学国家重点实验室（上海交通大学）、海洋工程国家重点实验室（上海交通大学）等

（续表）

类型	基础研究资源
上海市重点实验室（170家）	上海市复杂薄板结构数字化制造重点实验室（上海交通大学）、上海市智能制造及机器人重点实验室（上海大学）、上海市电气绝缘与热老化重点实验室（上海交通大学）、上海市激光制造与材料改性重点实验室（上海交通大学）、上海市网络化制造与企业信息化重点实验室（上海交通大学）、上海市地面交通工具空气动力与热环境模拟重点实验室（同济大学）等
大科学设施（14家）	上海光源一期、国家蛋白质科学研究（上海）设施、上海超级计算中心、神光Ⅱ高功率激光装置、国家肝癌科学中心、上海超强超短激光实验装置、转化医学国家重大科技基础设施（上海）、上海光源线站工程（光源二期）、硬X射线自由电子激光装置、活细胞结构与功能成像等线站工程、国家海底科学观测网、上海软X射线自由电子激光装置、高效低碳燃气轮机试验装置等
高水平研发机构（新建）	上海脑科学与类脑研究中心、上海长三角技术创新研究院、上海清华国际创新中心、上海长兴海洋实验室、朱光亚战略科技研究院、李政道研究所、上海量子科学研究中心、上海处理器技术创新中心、上海浙江大学高等研究院、上海自主智能无人系统前沿科学中心、上海前瞻物质科学研究院、上海张江数学研究院、上海处理器技术创新中心、上海市病毒研究院、上海交通大学张江高等研究院、复旦大学张江复旦国际创新中心等

上海力争在若干重要基础研究领域成为世界领跑者和科学发现新高地，为上海增强科技创新策源功能提供有力支撑，为中国实现高水平科技自立自强贡献力量。近年来，上海基础研究成果突出，重大成果的国际影响力持续提升。上海科学家顶尖学术期刊发文情况如图2-2所示。2022年上海科学家在国际顶尖学术期刊《科学》《自然》《细胞》发表论文120篇，占全国总数的28.8%。此外，共有48项重大成果获2020年度国家科学技术奖，高等级获奖成果主要分布在生物医药、电子信息、先进制造、新材料、能源与环境、航空航天等产业

领域，为上海的产业发展提供了源源不断的动力。

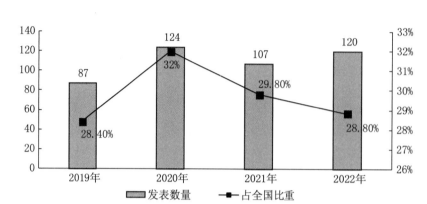

图 2-2　上海市科学家在顶尖学术期刊（《科学》《自然》《细胞》）的发文情况

四、上海主要科研主体的基础研究支出比重偏低

从各执行主体的 R&D 结构来看，上海各类科研主体的基础研究支出比重偏低，研发结构有待完善。从 2021 年研发支出结构来看，对比上海市与全国研发活动主要执行主体的研发活动类型，如图 2-3

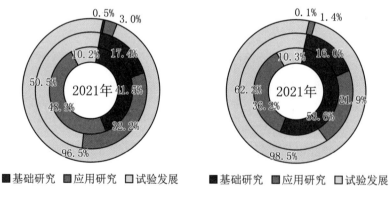

图 2-3　全国与上海市各执行主体的 R&D 活动类型结构

注：由内向外依次是：大学、研究机构、企业

左图：全国（企业是 2020 年数据）；右图：上海市

数据来源：科技部《我国 R&D 经费投入特征分析》，上海市统计年鉴。

所示，除高校以外，上海的研究机构和企业对试验发展的支出比重分别是99%、62.5%，均高于全国水平；企业基础研究支出比重为0.1%，低于全国企业基础研究支出比重0.5%；研究机构基础研究支出比重16%，同样低于全国研究机构基础研究支出比重17.4%的水平；上海市高校对基础研究投入比重达53.6%，高于全国高校对基础研究投入比重41.5%的水平。

五、上海基础研究多元投入体系建设成效仍未显现

近年来，上海市政府对基础研究的财政投入增长显著，如图2-4所示。上海市级一般公共预算支出基础研究经费已从2019年的16.9亿元增长至2022年的48.13亿元，近三年增长率约185%。财政支出基础研究经费占上海市基础研究经费总支出从2019年的12.3%增长至2021年的26.56%。而历年财政支出并非仅用于当年基础研究活动，而是支持长周期的基础研究活动。近三年财政支出基础研究经费在历年基础研究支出经费中平均占比约17.5%，可见，近年来上海全社会基础研究支出经费来源于上海市政府财政投入的比例约在17.5%—26.6%之间。

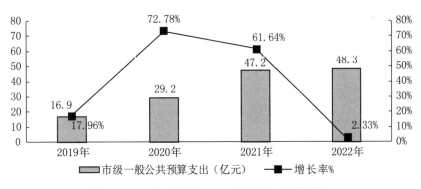

图 2-4　上海市财政支出基础研究经费情况

上海承担的国家自然科学基金项目数以及资助金额一直比较稳定，基础研究实力总体较强。近年来，上海获得国家自然科学基金项目在 4200 项之上，资助金额在 30 亿元左右，如图 2-5 所示，2020年略微下降后，2021 年重新回归 30 亿元以上，2022 年项目数与资助额持续提升。上海获得的国家自然科学基金资助额在上海基础研究经费总支出中的占比从 2021 年的 23.5% 下降至 2022 年的 18.9%，一定程度上体现了上海基础研究投入的多元化趋势。

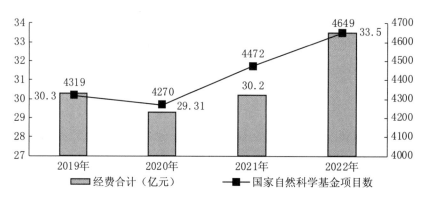

图 2-5　上海市国家自然科学基金项目立项情况

据上海市统计年鉴，上海规模以上工业企业 2020 年基础研究支出仅为 0.84 亿元，2021 年达到 1 亿元，较 2019 年增幅超过一倍，但仅占全上海基础研究支出总额的 0.6% 左右，企业投入基础研究仍然疲弱。

目前，上海基础研究经费来源主要是中央财政资金，上海市地方财政资金投入占比约 17.5%—26.6%，2022 年 7 月，上海市科委对市政协十三届五次会议第 0827 号提案的答复中表示，据初步统计，上海基础研究经费中约 90% 以上来自政府投入，企业对基础研究的投入仅占基础研究总投入的 3%，社会力量投入占比不超过 1%。上海基础研究与应用基础研究的多元投入体系建设成效仍未充分显现。

第二节 上海（应用）基础研究投入机制的缺陷

建设基础研究多元投入体系是科技领先国家的发展经验，也是我国科技发展的努力方向。目前，我国基础研究投入仍然缺乏社会投入，中央财政仍然是基础研究的主要来源，地方政府对基础研究的投入有限，企业等社会资源投入则更少，如图 2-6 所示。根据以上分析，上海基础研究投入来源中，同样存在基础研究投入资金主要依赖于中央财政、地方财政投入有限、缺少企业投入、社会投入积极性不高等缺陷。

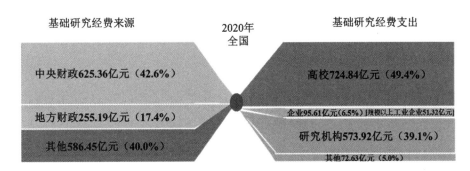

图 2-6 2020 年全国基础研究经费来源与支出结构

数据来源：《2021 年中国科技统计年鉴》《2020 年全国一般公共预算支出决算表》《2020 年地方一般公共预算支出决算表》。

说明：政府基础研究经费投入数据用财政支出决算数据表示，但财政基础研究支出科目并不准确等同于 R&D 基础研究科目统计范畴。

一、上海基础研究投入统计制度尚不够完善

尽管近年来我国不断提高对基础研究投入的重视程度，但统计

方式和标准仍较为粗放，存在指标不够健全、误差较大、细目不清等问题。基础研究经费采用自下而上的统计方法，科研机构和高校的基础研究经费支出由其根据科研活动性质自主判断，经决算后自主上报，企业基础研究经费则是统计部门根据企业科技支出数据及其基础研究成果等计算。我国尚未建立基础研究投入来源统计体系，2019 年 5 月，国家统计局印发《研究与试验发展（R&D）投入统计规范（试行）》，对基础研究仅仅从概念上作出统计界定。通过基础研究支出统计数据，能够部分反映基础研究投入来源结构，但难以更清晰地反映资金流向。

1. 缺少经费来源统计指标

首先，基础研究投入来源存在统计缺失。基础研究投入由实际支出数据来反映，统计指标主要包括各执行机构支出总额与人员全时当量，缺少对投入主体的相关统计指标，特别是对企业投入基础研究的统计指标。目前，企业等其他投入路径区分三类科研活动的投入来源数据多采取推算方式进行估计，难以体现基础研究投入来源结构的多元化。

其次，财政支出数据难以准确反映基础研究年度支出经费来源于政府的比例。首先，统计规范的范围有差异。财政科技支出不仅包含基础研究、应用研究、技术研究与开发，还包含科技管理服务费、科技条件与服务、社会科学、科学技术普及、科技交流与合作，而统计规范的 R&D 范畴分为基础研究、应用研究和试验发展。可见，财政基础研究统计范围不完全等同于科技统计中 R&D 中的基础研究。其次，时间维度不一致。财政支出经费用于长周期科研项目，而科技统计仅统计当年实际支出的基础研究经费。因此，科技统计数据与财政支出预算、决算数据难以结合。

2. 基础研究执行机构的数据统计误差

一是忽略了科研项目之外的经费。很多执行单位简单地将基础研究课题经费全部列入基础研究支出，而忽略了基础条件、人才教育培养、机构运行、相关设施设备等费用，也未剔除用于非基础研究的部分课题经费。上海高校基础研究经费支出项主要有国家自然科学基金、国家重点研发计划、上海市自然科学基金，以及其他人工判断为基础研究的纵向科研项目经费。对于 985 工程、211 工程、双一流建设等与基础研究相关的经费，很多单位并未纳入基础研究经费统计的考虑范围。

二是数据自主性强、误差大。R&D 项目的分类主要依据研究人员对各类 R&D 活动的理解进行分类，具有较强的主观性。项目分类与项目拆分是统计工作中造成误差的主要原因，调研发现，各单位在项目类型划分中多存在明显误差，如同类型的研究范式非常相似的科研项目被归入不同的 R&D 类型。

三是数据存在遗漏现象。部分应用研究课题内容实则为基础研究。据科技部 2009 年的统计调查发现，国家自然科学基金课题经费中的 60% 用于基础研究，35% 用于应用研究，5% 用于试验发展；973 计划课题经费 77% 用于基础研究，22% 用于应用研究，1% 用于试验发展。而核查发现，很多归于应用研究的 973 课题和自科基金课题内容属于基础研究，[1] 据其测算比例推测，2013 年基础研究支

---

[1] 张先恩、刘云、周程、方在庆、向桂林：《基础研究内涵及投入统计的国际比较》，《中国软科学》2017 年第 5 期。

出因内涵理解不同可能被低估了 158.582 亿元，占基础研究支出的 28.58%。此外，基础研究实际支出还存在预研费用、沉没成本、机会成本被忽视等情况。[1]

四是在基础研究支出细目统计上存在与财政决算不一致的情况。财政部公开的公共预算支出决算表中列出基础研究八项细目（机构运行、重点基础研究规划、自然科学基金、重点实验室及相关设施、重大科学工程、专项基础科研、专项技术基础、其他基础研究支出），从实际情况看，重点实验室及相关设施中仅约 70% 是以（应用）基础研究为主的实验室，重点基础研究计划中仅 77% 用于基础研究。因此，执行机构在统计时，存在支出比例不统一的情况。此外，还存在未纳入基础研究设施建设及大型设备分摊费，未拆分应用研究、技术研究与开发项目中的基础研究活动等情况。

3. 企业基础研究的统计难度大

首先，企业基础研究统计方法有待完善。目前，主要采取全面调查和问卷抽样调查结合的方法来了解企业基础研究情况。上海市及其他地区调查范围均以规模以上工业企业为主，对中小型科技企业的调查较为欠缺，较少公布其基础研究经费支出数据。现有企业基础研究统计仅统计企业内部支出的基础研究经费，无法准确衡量企业基础研究对外投入的积极性。此外，统计部门判断基础研究往往基于企业科研项目名称、荣誉奖项、科研成果，而项目类型判断同样具有主观性，且需要核实其真实性，在吸引社会资本及获取优惠政策的利益诱导下，常有企业采取虚假科研的策略性行为，甚至出现政企合谋，虚

---

[1] 周寄中：《创新的基础和源泉：基础研究的投入、评估和协调》，科学出版社 2008 年版。

假提高基础研究投入数据的情况。

其次，企业基础研究活力增强，但界定和统计难度较大。随着政府扶持力度不断加强，企业投入基础研究获得的政策优惠日益丰厚。然而，由于存在应用基础研究与应用研究的理解差异，以及基础研究本身的风险性、政策优惠下的企业寻租行为等情况，企业独立开展基础研究活动支出的统计测算难度较大，统计部门根据科技投入和外部成果表现计算基础研究投入的方法不可避免地存在误差，现有统计数据多为研发投入总量。

二、上海企业基础研究投入不足

上海市《关于加快推动基础研究高质量发展的若干意见》强调推动企业加强基础研究，支持企业与高校、科研院所等各类创新主体协作融通，共建各类联合实验室、协同创新中心、博士后科研工作站，共同参与重大科技项目，提出启动"探索者计划"，引导企业与政府联合设立科研计划，鼓励企业和社会捐赠或设立基金会，探索与国家自然科学基金委共同设立区域创新发展联合基金。但就当前情况而言，上海企业在基础研究投入方面的表现还不太理想。

1. 规模以上工业企业基础研究投入比重低

2021 年，上海规模以上工业企业研发支出 698.33 亿元，其中：基础研究支出仅 1 亿元，占比 0.14%；应用研究支出占比 1.14%，试验发展支出占比 98.45%。可见，上海规模以上工业企业对基础研究的投入比重极低，低于全国企业研发活动中基础研究的比重 0.3%。

这也是由于上海市统计年鉴仅公布规模以上工业企业对基础研究的支出，此外，非工业企业、中小企业的研发活动没有数据可查。北京市统计年鉴则显示，北京市 2020 年企业基础研究支出总额达 86994 万元，占企业 R&D 经费支出的 0.86%，高于全国平均水平。上海规模以上工业企业 R&D 经费支出情况充分仅反映出上海规模以上工业企业对基础研究的重视不足。

然而，规模以上工业企业的研发活动结构对上海企业的表征作用有限，上海市非工业企业众多，高新技术企业数量超 2.6 万家，集成电路、生物医药、人工智能产业聚集了一批引领产业创新的重点企业。因此，仅以规模以上工业企业的基础研究投入比重表征上海企业基础研究投入比重并不准确。

2. 产学研创新联合体的鼓励政策措施有待加强

近年来，在各种重要会议、科技创新政策文件、发展规划中，多次对加强企业基础研究提出相关政策和建议。如 2017 年《"十三五"国家技术创新工程规划》《"十三五"国家基础研究专项规划》；2018 年《关于全面加强基础科学研究的若干意见》；2020 年《加强"从 0 到 1"基础研究工作方案》《新形势下加强基础研究若干重点举措》《关于进一步完善研发费用税前加计扣除政策的公告》等。

中央政策仅指明了加强企业基础研究的努力方向，需要地方政府通过具有可操作性的政策落实对产学研合作、联合资助、联合实验室等途径的鼓励和支持。上海市《关于加快推动基础研究高质量发展的若干意见》同样提出要加强企业基础研究，具体政策措施是：上海市科委与企业联合设立"探索者计划"，按一定比例共同出资，充分发挥企业出题者作用，重点聚焦集成电路、生物医药、人工智能三大重点产业发展中的重要科学问题和关键技术难题。2022 年已实现引导企业投入 936 万元。上海拥有雄厚的高校和科研机构资源，在吸引"产学研"共同投入基础研究方面具有较大的优势和潜力。

鼓励企业联合高校与科研机构出资开展基础研究的政策措施初步形成，将进一步面向全市发布指南，促进打造面向科技前沿关键技术的企业应用基础研究创新联合体。这一政策对于带动企业投入基础研究的效果将在未来逐步显现。

三、上海社会力量对基础研究关注度不足

建立健全基础研究多元投入机制，除了进一步加大中央财政和地方财政的投入力度之外，还需打通企业、社会组织、个人捐赠等社会渠道，调动全社会基础研究投入的积极性。如 2018 年国家自然科学基金改革，与四川、湖南、安徽、吉林分别成立区域创新发展联合基金平台，围绕地区特色和产业发展中的紧迫需求，聚焦关键技术核心科学问题，引导企业、社会投入前瞻性重大科学问题研究。上海市于 2022 年也加入国家基金委区域创新联合基金。

1. 社会基金对基础研究关注不够

上海符合公益性捐赠税前扣除资格的公益性社会组织有 207 个，从其名称来看，教育发展、医学发展是基金会两大主要投入方向。教育发展类基金会 35 家、医学发展类基金会约 10 家、关注科技发展的基金会约有 8 家，如表 2-3 所示。

表 2-3　上海关注科技发展的社会基金会

基金会	发起者/主管单位	成立时间	募集资金用途
上海科技发展基金会	中国人民银行上海市分行批准成立	1988 年	表彰、奖励在科技活动中有突出成就的科技工作者；支持开展国内外学术活动。目前固定的资助项目有：上海市科技精英奖、上海青年科技英才奖、上海市大众科学奖、上海国际科学与艺术展、飞翔计划、晨光计划及学术活动专项等；非固定的资助项目有：学会软课题研究、中高级专业技术人才培养工程、科技下乡、"科普智慧墙"、"科普新说"电视节目制作等
上海叔同深渊科学技术发展基金会	李叔同	2014 年	开启了民间捐资支持前沿科学技术发展的先河，凝聚社会各界力量，加快中国和人类社会深渊科技的发展 主要资助、奖励深渊科学技术研究及其他相关领域的个人、团队和项目
上海世界顶尖科学家发展基金会	世界顶尖科学家协会	2020 年	支持基础科学研究、国际科学合作交流及扶持青年科学家成长项目
上海卓越脑科学发展基金会	中国神经科学学会	2015 年	开展健康公益的社会服务活动和科普教育，资助脑科学领域的学术交流和继续教育培训等活动
上海市创新细胞生物学发展基金会	中国细胞生物学学会	2014 年	以项目的形式资助各类细胞生物学相关的学术会议、继续教育培训；设立奖项鼓励青年科技工作者从事细胞生物学工作，奖励其在细胞生物学领域取得的成绩；设立境内外旅费资助，鼓励青年科技工作者积极参加国内国际相关学术会议交流；设立奖项，支持鼓励科普及其他相关活动的开展；资助细胞生物学领域专业期刊的发展

（续表）

基金会	发起者/主管单位	成立时间	募集资金用途
上海新泰高新技术研究与发展基金会	上海市科学技术委员会	2001年	募集、管理、使用基金，资助高新技术的研究和发展
上海坚创科技发展基金会	高立里	2020年	资助或奖励优秀科技创新人才；资助生物医药、智能信息科技领域的学术研究和交流项目
上海枫林植物科技发展基金会	张鹏	2019年	资助植物科学领域学术交流与教育培训项目，资助科普公益活动，奖励优秀植物科技工作者

以上各基金会大多面向优秀的科技创新人才设立奖项、资助学术交流、资助学术期刊发展、科普活动，直接投入基础研究项目的基金有限。基金会打通了社会力量支持基础研究活动的通道，能够集中社会力量资助基础研究。下一步应发挥基金会支持基础研究项目的作用。

2. 公益性社会捐赠支持基础研究的意愿不强

基础研究距离市场应用较远、风险大、收益慢，更多着眼于对未来五年甚至十年的影响。而社会捐赠更多关注当下医疗、教育、贫困、环境等现实问题，对于加强基础研究发展的紧迫性和重要性的认识相对不足，从而导致对基础研究的关注不足。此外，对大学的捐赠也多以设立奖项的形式对个人或团队进行鼓励和资助，较少以项目形式支持基础前沿研究。

公益性基金会对基础研究的宣传较少，公众对基础研究的重视程度不高，建设科技强国的信念仍需不断深化。公益基金对科学研究活动的资助应注重补充政府、企业资助不足的领域。

第三节　美国、日本的基础研究发展经验

历史经验证明，世界科技强国首先是基础研究强国[1]，长期稳定高额投资基础研究是占据科技前沿的重要前提，例如，日本通过科技立国战略，美国通过立法保障基础研究，形成了稳定、灵活多样的投入体系[2]。基础研究发展的国际经验方面，国内外学者对美国、日本的研究成果较为丰富。

一、美国发展基础研究的经验启示

"二战"结束后，美国通过明确的法律政策大力支持基础研究，经历了四个发展阶段：1944 年至 1966 年基础研究体系建设阶段；1966 年至 20 世纪 70 年代末受科技悲观主义影响出现停滞，强调商业化应用、技术转化；20 世纪 80 年代至 90 年代中后期，恢复信念并加强资助；21 世纪初至今一直处于稳定发展阶段。

根据国内外文献总结，美国发展基础研究的经验主要有：政府资金与政策一以贯之的高度支持与认同[3]，重视建设多元投入机制，研究型大学深耕基础研究，政府引领关键领域突破，重视人才、科技成果

[1] 李玲娟、张畅然、余江：《支撑美国高水平基础研究的法律治理研究》，《中国科学院院刊》2021 年第 11 期。

[2] 陈强、朱艳婧：《美国联邦政府支持基础研究的经验与启示》，《科学管理研究》2020 年第 6 期。

[3] MARTIN J D, 2020: "The Simple and Courageous Course: Industrial Patronage of Basic Research at the University of Chicago, 1945—1953", Isis, April.

转化[1][2][3]；颁布实施一系列人才政策，注重高水平基础研究人才培养、引进与管理[4]；国家实验室开展明确的战略性基础研究，注重国家实验室与政府、非营利机构、大学、企业、其他国家实验室及国际间协同研究与国际合作[5]；通过法律保障基础研究体系建设，对自由探索型基础研究和使命导向型基础研究制定差异化法律规则[6]；基础研究项目事前评议体系、定性评估与长周期评估保障基础研究质量[7]；美国国防高级研究计划局（Defense Advanced Research Projects Agency，简称DARPA）明确基础研究项目退出机制与失败评价机制[8]；高校作为基础研究主要执行机构，联邦政府基础研究资金约50%资助高校[9]；联邦政府各部门根据其任务使命配置基础研究经费协调学科布局[10][11]，

[1]　范旭、李瑞娇：《美国基础研究的特点分析及其对中国的启示》，《世界科技研究与发展》2019年第6期。

[2]　宋孝先、王茜、曲雅婷等：《美国科学研究经费"来源—执行"部门多元化及中国启示》，《中国软科学》2019年第8期。

[3]　武汉大学中美科技竞争研究课题组：《中美科技竞争的分析与对策思考》，《中国软科学》2020年第1期。

[4]　王超、马铭、许海云等：《中美高水平基础研究人才对比研究——基于ESI高被引科学家数据分析》，《中国科技论坛》2021年第12期。

[5]　刘云、翟晓荣：《美国能源部国家实验室基础研究特征及启示》，《科学学研究》2022年第6期。

[6]　李玲娟、张畅然、余江：《支撑美国高水平基础研究的法律治理研究》，《中国科学院院刊》2021年第11期。

[7]　龚旭、夏文莉：《美国联邦政府开展的基础研究绩效评估及其启示》，《科研管理》2003年第2期。

[8]　庞立艳：《美国DARPA项目决策经验对我国加速基础研究产出和转化的启示》，《世界科技研究与发展》2022年第4期。

[9]　朱迎春：《我国基础研究经费投入与来源分析》，《科学管理研究》2017年第4期。

[10]　刘云、安菁、陈文君等：《美国基础研究管理体系、经费投入与配置模式及对我国的启示》，《中国基础科学》2013年第3期。

[11]　MADSEN L D，2018: "National Science Foundation awards in the Ceramics Program starting in 2017", American Ceramic Society Bulletin，February.

联邦政府基础研究义务投入带动私人研发投入[1]；基础研究重心从政府科研机构向高校转移，将基础研究与国家目标相结合，战略性集中优先发展前沿领域[2]。

1. 美国基础研究投入与支出结构

美国基础研究的经费来源包括：联邦政府（42.3%）、企业（28.8%）、高等学校（13.4%）、非营利组织（12.9%）、非联邦政府（2.7%）；基础研究执行机构主要包括：企业（27.1%）、联邦政府（11.4%）、联邦内部（6.8%）、联邦资助研发中心（Federally Funded Research and Development Centers，简称FFRDCs）(4.5%)、非联邦政府（0.1%）、高校（48.4%）、其他非营利组织（12.9%）。美国基础研究经费投入与支出结构见图2-7。联邦政府是美国基础研究的支柱，高校是联邦政府的主要资助主体，其他基础研究主体均受到联邦政府的经费资助；企业是基础研究的第二大投入主体，企业资金主要用于企业内部基础研究活动，少量通过捐赠或委托研究投入非联邦政府、高校及其他非营利组织；高校是基础研究的第三大投入主体，这与美国高校的资金来源结构相关，高校资金主要用于高校内部基础研究；其他非营利组织也是美国基础研究投入与支出的重要组成部分，这些其他非营利组织主要包括政府、非政府组织或私人建立的科研机构。

---

[1] TOKGOZ S, 2006: "Private agricultural R&D in the United States", Journal of Agricultural and Resource Economics, February.

[2] 谭文华、曾国屏：《从美国基础研究发展过程引发的几点思考》，《研究与发展管理》2003年第5期。

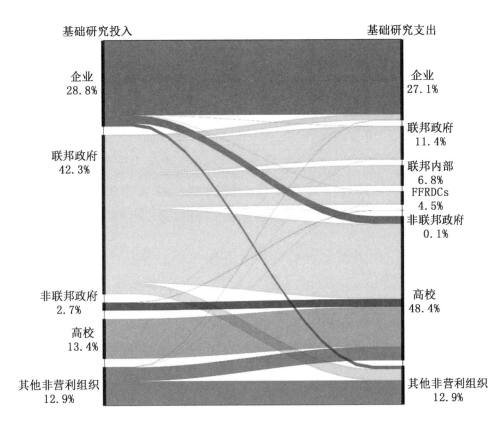

图 2-7 美国 2017 年基础研究投入与支出结构

数据来源：National Center for Science and Engineering Statistics, National Science Foundation, National Patterns of R&D Resources (annual series)。

2. 美国基础研究投入的特点

（1）美国基础研究经费持续稳定增加

特朗普政府期间，大幅削减科研机构财政预算，NSF 经费12 年来首次削减，2019 年美国基础研究支出经费较 2018 年增加 67 亿美元，增幅 6.6%；而 2020 财年美国联邦政府机构的 R&D 预算中基础研究资金减少 15 亿美元（4%），除美国国防部（Department of Defense，简称 DOD），大多数联邦机构的研发经费均有所下降。2021 年拜登政府提出加大基础科学投入，在 2021

年 R&D 预算法案中，美国卫生研究院（National Institutes of Health，简称 NIH）、国家航空航天局（National Aeronautics and Space Administration，简称 NASA）、国家科学基金会（National Science Foundation，简称 NSF）、能源部（Department of Energy，简称 DOE）经费增幅分别为 3%、2.5%、2.3%、0.4%。科研经费削减风波后，美国科研经费预算大幅增加，对基础研究的重视程度迅速回升。2020 年 5 月，美国国会议员提出《无尽前沿法案》，2021 年 3 月，美国国会议员提出《确保美国科学技术全球领先法案（2021 年）》，众议院科学委员会提出《NSF 未来法案》，分别强调优先投资联邦基础研究，部署重点基础研究领域，增加 NSF 拨款，加速基础研究的转化与商业化应用。美国总统拜登在《美国就业计划》中提出向关键技术领域投资 500 亿美元。相较于日本基础研究经费支出的稳定、中国基础研究经费支出的显著增加，美国基础研究经费一直处于增速稳固的高强度支出态势（如图 2-8），近年来的系列政策法规再次奠定美国基础研究经费持续快速增加的发展态势。

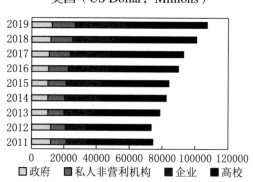

美国（US Dollar，Millions）

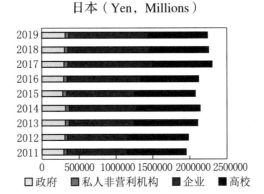

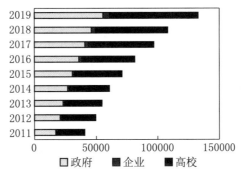

图 2-8 美国、日本、中国的基础研究经费支出情况

数据来源：OECD.Stat。

（2）联邦政府内部分工明确，各领域发展由特定部门统筹

NSF 主要资助自由探索型的基础研究，其他机构执行使命导向型研究。据美国白宫预算管理办公室 2020 财年实际数据，美国联邦政府对基础研究支出最多的是卫生和人类服务部（Department of Health & Human Services，简称 HHS），占联邦政府总支出的 49.3%，其次 NASA 占 15%，能源、NSF 分别占 12.4%、12.3%，如图 2-9 所示。

各部门分别资助具体的研究领域，NIH 支持医学、生物学等领域的基础研究，能源部是美国物理学研究的最大支持者，NASA 主要资

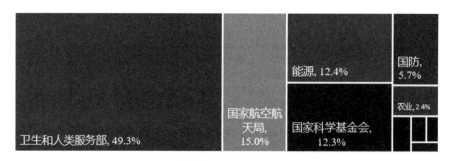

图 2-9   2020 财年美国联邦政府的基础研究支出组成

数据来源：美国白宫预算管理办公室。

助航空和空间基础研究，NSF 资助除了医学之外的其他领域基础研究。譬如，美国研发体系的"国家队"FFRDCs，各领域研究中心分别由相应的联邦政府部门资助并独立运行。2020 年 FFRDCs 已增加至 42 家，其中，橡树岭国家实验室等研究机构位于领域前沿，基础研究支出经费前十的 FFRDCs 的资助情况见表 2-4，主要由 DOE 独立资助。

表 2-4   2020 年美国 FFRDCs 基础研究经费情况

管理形式	FFRDCs	资助机构	资助基础研究资金 Dollars in thousands
非营利性管理	橡树岭国家实验室	DOE	949293
大学管理	劳伦斯–伯克利国家实验室	DOE	727998
非营利性管理	布鲁克海文国家实验室	DOE	449041
大学管理	SLAC 国家加速器实验室	DOE	350827
大学管理	费米国家加速器实验室	DOE	298788
大学管理	喷气推进实验室	NASA	263841
行业管理	洛斯阿拉莫斯国家实验室	DOE	216111
非营利性管理	西北太平洋国家实验室	DOE	203208
行业管理	桑迪亚国家实验室	DOE	161207
大学管理	阿贡国家实验室	DOE	158106

数据来源：National Center for Science and Engineering Statistics，FFRDC 研究与发展调查。

（3）美国基础研究社会力量活跃，投入激励政策有效，慈善捐赠文化助力

美国重视基础研究投入与支出多元化，除政府之外，美国企业、高校、非营利组织的资金投入占基础研究总经费的55%，其中属于社会力量的企业和其他非营利组织对基础研究投入量占41.7%，贡献突出（如图2-7）。同时，基础研究研发主体多样化，美国企业基础研究支出及占比逐年提升（如图2-8），企业以及联邦内部、FFRDCs等政府机构的研发实力不容小觑。多元化的投入与支出结构得益于美国政府一系列的基础研究投入激励政策（如表2-5），包括直接资金支持、税收杠杆间接资金支持，以及合作研究、委托研究等一系列政策。此外，慈善捐赠文化为社会基础研究投入注入活力，如华盛顿卡内基慈善会、洛克菲勒基金会、拉塞尔·塞齐基金会等。美国高昂的遗产税在客观上促进了捐赠行为，个人或组织通过免税捐赠支持基础研究等科研活动，研究取得收益后又能够回馈私人或基金会，此类社会资金一定程度上弥补了企业不愿投入及联邦资助不足的高风险及市场前景不明的科学研究经费缺口。

表 2-5　美国激励社会投入基础研究的相关法案

年　份	法　案
1980 年	《拜杜法案》
1981 年	《经济复兴法案》
1984 年	《国家合作研究法案》
1986 年	《税制改革法案》
1986 年	《联邦技术转移法》
1989 年	《国家竞争力技术转让法》
2009 年	《美国经济复苏再投资法案》

（续表）

年　份	法　案
2010 年	《美国制造业促进法案》
2012 年	《美国纳税人减免法案》
2012 年	《先进制造业国家战略计划》
2014 年	《创新法案》
2016 年	《创新与竞争力法案》

二、日本发展基础研究的经验启示

日本政府角色转变经历由塑造良好经济环境、协调"产学官"协作到主导科技创新活动[1]；国家的技术追赶战略会导致基础研究投入强度下降[2]，而只有当一个国家的技术与技术前沿的技术差距足够小时，才会倾向于技术创造领域的基础研究[3]。历史上，日本企业曾出现两次基础研究热情高涨期，企业对基础研究的重视程度较其他国家更为明显。

总结日本发展基础研究的经验主要有：社会认同基础研究增加公众知识储备，并带来社会福利等重要作用[4]；政府引导企业、大学、非营利团体投入基础研究，投入结构呈现投入主体、资助方

---

[1]　王溯、任真、胡智慧:《科技发展战略视角下的日本国家创新体系》,《中国科技论坛》
　　　2021 年第 4 期。
[2]　谭文华、曾国屏:《从美国基础研究发展过程引发的几点思考》,《研究与发展管理》
　　　2003 年第 5 期。
[3]　HA J, KIM Y J, LEE J W: "Optimal Structure of Technology Adoption and Creation: Basic
　　　versus Development Research in Relation to the Distance from the Technological Frontier",
　　　Asian Economic Journal, March.
[4]　KONISHI K: "Basic and Applied Research: A Welfare Analysis Basic and Applied Research",
　　　Japanese Economic Review, April.

式、执行主体的多元趋势，政府出台科技计划保障基础研究投入强度，并承担社会不愿投资的领域的科研资助[1]；日本国立大学的内部经费支持力度与文部科学省竞争性项目经费支持均占 38%，私立大学更加依靠校内经费支持[2]；日本学术振兴会 JSPS 管理的科学研究补助金成为日本基础研究经费的支柱[3]；日本大企业重视基础研究，形成了企业中央研究院与企业外部产学研合作的基础研究体系[4]，行业研究联盟开展基础研究，实现资源互补[5]；发展形成企业和政府两大并存且独立的基础研究投入体系[6]，政府各部门协调基础研究投入，形成了以文部科学省为主、其他省少量投入为辅的格局[7]。

1. 大学为基础研究主体，企业是基础研究第二大执行主体

从基础研究支出经费看，日本的大学支出基础研究经费最高，企业支出基础研究经费仅次于大学，也处于非常高的水平，如图 2-10 所示。大学是日本基础研究的执行主体，在研发活动类型方面，

［1］周小梅、黄婷婷：《日本基础研究投入多元化趋势及经验借鉴》，《决策咨询》2021 年第 3 期。

［2］郭涵宇、肖广岭：《日本高校研发基础性经费研究及其对中国的启示》，《中国科技论坛》2021 年第 1 期。

［3］鲍健强、安原和雄：《JSPS：日本科技进步的助推器》，《科学学研究》2001 年第 1 期。

［4］甄子健：《日本大企业开展基础研究情况调查》，《全球科技经济瞭望》2015 年第 8 期。

［5］ODAGIRI H, NAKAMURA Y, SHIBUYA M. Research consortia as a vehicle for basic research: The case of a fifth generation computer project in Japan［J］. Research Policy, 1997, 26(2): 191—207.

［6］HIRANO Y. PUBLIC AND PRIVATE SUPPORT OF BASIC RESEARCH IN JAPAN［J］. Science, 1992, 258(5082): 582—583.

［7］李红林、曾国屏：《基础研究的投入演变及其协调机制——以日本和韩国为例》，《科学管理研究》2008 年第 5 期。

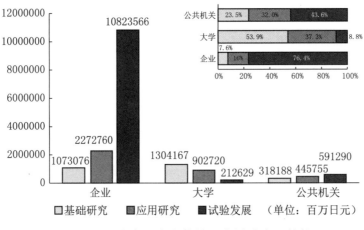

图 2-10　日本各研发主体的研究活动类型结构

53.9% 的资金用于基础研究，37.3% 的资金用于应用研究，仅 8.8%
用于试验发展。企业以市场为导向，对最接近市场端的试验发展投入
最多，企业研发投入中的 76.4% 用于试验发展，仅 7.6% 的研发经费
用于基础研究，但这一比例却是中国企业的 24 倍，是上海企业的 70
倍之多。

2. 日本基础研究投入主体与资助方式呈现多元化趋势

日本基础研究投入呈现总量稳定且小幅增长的趋势，投入强度维
持在 15% 左右，基础研究稳定性支持与竞争性支持之比约为 9 ∶ 1。
日本通过科技计划保障基础研究投入强度。1984 年日本科学技术会
议公布《新形势下发展科学技术的长远基本方针》，1996 年日本政府
通过第一期《科学技术基本计划》，1999 年、2003 年、2010 年相继
出台第二、三、四期计划，保障基础研究投入强度的稳定性。此外，
日本基础研究的投入结构呈现多元化趋势，政府和企业的投入相对
独立。

日本企业对研发有着强烈的动机，追求产品科技含量和国际竞争

力，对基础研究的重视程度比较高。日本大企业经过长期探索，形成了具有特色的"企业中央研究院与企业外部产学研合作"的基础研究体制。这一探索过程离不开政府的引导，1995 年日本政府通过《科学技术基本法》引导企业从单打独斗转向产学研结合。政府公共机关（包括国家、地方财政、国立大学、国家及地方的独立行政法人）均为产学研合作划拨专门经费。支持产学研合作的社会资金也较为丰富，来源主要包括企业、私立大学、非营利组织等。

政府部门主要在社会无力负担或不愿投资的领域实施资助，政府对企业基础研究间接投入，主要通过少量财政支持、科技税收减免等政策，这也是世界各国政府支持企业研发投入的常用措施。此外，政府对大学、科研机构的直接投入也能够通过产学研合作，让企业充分利用大学和科研机构的资源，并通过投入基础研究受益。

第四节　上海（应用）基础研究投入机制完善策略

根据以上对上海基础研究与应用基础研究发展现状、投入机制缺陷的分析，结合美国、日本发展基础研究的经验和做法，为上海进一步完善基础研究投入机制提出策略建议。

一、进一步完善基础研究投入来源统计制度

基础研究投入统计是全国性问题，各地都是按照国家统计局制定

的表格进行填报。上海应针对基础研究投入统计方面存在的问题，探索形成新的基础研究统计制度体系。在国家统计规范的基础上，补充不同类型、不同规模企业、不同行业的统计数据，进一步探索并优化企业基础研究统计调查制度。同时，上海可根据基础研究实际支出情况，完善统计指标与统计细目，制定一套更能反映实际情况的基础研究投入统计体系，并争取在全国范围内的推广应用。

1. 增加基础研究资金来源统计，将多渠道基础研究投入纳入统计范畴

对基础研究投入主体的统计，能够更清晰地反映基础研究经费来源结构，体现政府及社会不同渠道的基础研究投入活力，从而有效协调科技投入的领域及方向。研发经费中基础研究投入来源主要是财政拨款，然而，随着多元投入体系建设，基础研究社会力量投资、企业出资、捐赠等多渠道投入方式逐步兴起，统计范畴亟须拓展。统计部门应制定合理的统计方法，补充不同规模企业、不同行业的统计数据，尤其要注重对企业基础研究投入的统计规范。目前，企业基础研究经费支出多按成果核算，或按技术实现的时间长度区分基础研究与应用研究、试验发展，由于企业数量大，统计方法多采用抽样问卷调查法。因此，对于企业基础研究经费的统计应重点关注设有国家重点实验室、研发中心的企业，对于各类企业的研发统计可与财税优惠政策联动，分辨基础研究经费，并制定核检制度，防范个别企业虚假科研。

2. 明晰统计细目，梳理统计科目与政府财政决算科目差异

基础研究经费并不仅限于科研项目经费，还包括辅助基础研究活动的日常性经费及基础设施建设经费，应梳理并统一基础研究统计细目，避免漏记。各部委之间对科学技术支出科目与研究与试验发展（R&D）的范畴差异需要明晰说明，财政基础研究支出细目与高校等执行机构的基础研究支出细目统计的差异也需要进一步梳理。统计部门虽未公开统计细目，但统计体系与财政决算数据存在不一致的情况，统计部门应与相关部委协商，就统计差异做出说明，便于研究与发展经费的高效使用和合理分配。

3. 统计指标应进一步规范，适当拓宽统计口径

统计指标应作进一步详细说明，从而加强各地区、各单位统计工作的一致性。譬如，基础设施建设、重要设备、机构运行等费用如何折算为基础研究费用？科研经费与教育经费中哪些支出应补充列入基础研究费用？研究项目中应剔除的非基础研究支出有哪些？此外，基础研究统计口径在人员劳务费方面应合理扩大，优化基础研究人员费用核算方法。对于包含基础研究与应用研究的长周期科研项目，应根据研究项目进展的不同周期，测算基础研究活动占比，并根据实际科研活动发生情况决算课题经费中基础研究的支出。

二、加大地方基础研究投入力度，并强化立法保障

目前基础研究投入比重概念未能突出资金来源，各省市基础研究投入数据主要包含中央财政投入，多以科研项目的形式体现。各省市加码人才竞争成为实现基础研究投入比重提升的重要路径，这对全社会基础研究资金规模扩大和能力提升贡献不大。上海市"十四五"发展规划设定的发展目标是"基础研究经费支出占全社会 R&D 经费支出比例 12% 左右"，但对地方基础研究投入资金的提升目标未作清晰

说明。并且，地方基础研究发展并不完全等同于地区间人才竞争、国家项目竞争，还应包括地方政府、地方企业的基础研究经费投入。目前，仅广东省及深圳市提出加大财政资金支持基础研究比重和资金规模的规划目标。当前，我国地方政府仍然具有支持地区基础研究发展的责任和财力，各省市科技管理部门组织管理地方自然科学基金会，以加强地区基础研究和应用基础研究。上海应发挥先行先试的带头作用，从加强地方财政投入、建设多元投入体系等方面入手，完善基础研究与应用基础研究投入机制。

1. 关注地方基础研究出资水平，立法保障地方财政资金支持力度

地方科技发展规划等政策文件应区分基础研究支出水平与基础研究出资水平，以基础研究支出水平反映本地区基础研究能力，以基础研究出资水平反映本地区资金流向基础研究的规模。为促进地方基础研究发展，上海在关注国家科研基金项目获取的同时，更应着力提高地方政府财政投入比重，并通过立法手段保障地方财政对基础研究投入的资金规模和投入比重，结合广东省及深圳市的先行经验，为本地区基础研究提供长周期的稳定财政资金支持。

2. 建设多元投入体系，落实企业基础研究投入激励政策

2017 年以来，国家政策多次提出，要引导有条件的企业加强基础研究，鼓励企业与高校、科研机构合作研究，共设研究基金、共建实验室、共同培养人才，支持企业承担国家科研项目，鼓励慈善捐赠，采取政府引导、税收杠杆等方式，落实研发费用加计扣除等政策，激励企业和社会力量加大基础研究投入，增强企业原始创新能力。在国家政策指导下，地方政府应积极制定具有可操作性的政策，譬如，吸引研究机构入驻，支持企业实验室建设，动员社会捐赠、协助慈善基金会运行，设立科技创新奖项等措施，并进行广泛宣传和动员，推动基础研究多元投入体系的长期有效运行。

3. 重视人才，打造特色领域人才聚集高地

地方政府要注重以人为本提高基础研究能力，包括基础学科人才培养、高水平科研人才引育、人才服务、人才资助等方面。努力营造重视人才的社会氛围，通过优渥的人才待遇保障优秀科研人员从事基础研究工作的专心、耐心和恒心。此外，在具有地方优势的科研领域重点布局，上海应着重加快集成电路、生物医药、人工智能三大先导产业的核心技术攻关，打造前沿科研中心，共同参与国家实验室建设，打造具有地方特色标识的研究机构或研究领域，广纳各方英才，形成领域内基础研究人才聚集地。

三、全面提升基础研究投入水平，增强企业基础研究活力

针对我国基础研究支出比重与强度偏低的现状，我国需要根据经济发展状况，持续提升基础研究投入水平，结合国际经验，在合理的线性拟合关系上缩小与创新前列国家的差距。对比美国基础研究投入结构，我国企业投入占比差距最大，调动企业投入积极性成为我国加强基础研究投入的当务之急。

1. 支持有实力的或前沿科技型企业建设研发中心

据统计，2020 年我国规模以上工业企业设立研究机构的企业比例达到 24%，企业研发能力显著提升，形成了一定的基础研究实力。可以结合地区企业发展现状，筛选一批有条件的企业，尤其是更接近

技术前沿的企业，支持其建设研发中心，进一步增加设立研究机构的企业数量，并对企业研发中心运行评级资助，鼓励研发中心承担国家课题，帮助企业研发中心高效运行。企业以研发中心为依托开展研究，持续跟踪领域前沿并超前布局，这些直接面向企业技术创新需求的应用基础研究能够更快速地实现转化，譬如，松下、台积电、华为等著名企业都在世界范围内建设了众多研发中心，企业研发中心的科研突破是前沿科技企业抢占市场的重要途径。

在产业层面，聚焦人工智能、生物医药等上海先导产业所形成的产业创新生态，结合政府、企业联盟、科研平台、科研机构／高校及其他社会力量，促进资源互补和交流合作，在领域内形成基础研究和应用基础研究联盟，打造优秀人才高地。

2. 鼓励企业出资，与高校、科研机构合作或委托研究

协调企业与高校或科研机构之间的竞合关系，充分激发企业作为创新主体，在基础研究和应用基础研究中的引导带动作用。上海高校拥有丰富的人才、实验室、设施设备等资源，企业是最具市场敏锐性的创新主体，鼓励企业牵头开展市场导向的应用基础研究，能够充分利用各方资源，取得经济效益最大的基础研究成果与技术突破。对企业出资的科研项目，政府应给予税收优惠或补贴，并为项目顺利开展协调相关资源。

3. 运用税收杠杆、资金补贴等政策措施，激励企业投资基础研究

我国目前对企业基础研究投入的激励政策已经从税收加计扣除75%，提升到100%，在鼓励企业加大研发投入的同时，政府更应通过政策倾斜进一步鼓励企业发展长周期的深度研发，鼓励企业提前布局未来五年以上技术创新的应用基础研究。企业研发投入的类型包括短期的试验开发、中期的应用研究、长期的应用基础研究，甚至包括自由探索类的基础研究，因此，政府应制定多种研发投入的政策激励方案，以满足企业开展不同类型研究活动的需求，提高企业投入基础研究的积极性。

四、重视社会公益组织建设，引导社会捐赠投向基础研究

社会基金及公益组织能够弥补政府与企业的投入不足问题，是集聚社会力量支持科学研究的有效路径，是引导社会捐赠投向基础研究的载体。相比美国，我国社会捐赠对科学研究的关注较低，对高校的捐赠多用于校舍建设，用于基础研究的比重较小且尚无统计口径对应。目前，典型的社会捐赠案例包括：2018 年，社会力量捐赠西湖教育基金会，创办私立基础研究型大学——西湖大学；2019 年，腾讯基金会投入 10 亿元资金，颁发首届"科学探索奖"。当前我国对社会捐赠仅以鼓励政策为主，可操作性不强，仅包括对企业、个人的捐赠支出采取税收减免政策，政府应出资引导非营利性公益基金会运行等措施。

1. 打通企业、个人捐赠通道，规范非营利组织的运行

依据《慈善法》《信托法》，国家自然科学基金委等部门及基金会首先应是合法受捐赠单位，才能对捐赠者出具捐赠收据，使企业或个人依法享受捐赠减税等优惠政策。因此，上海加强社会基础研究投入，应引导建立关注基础研究的慈善组织、设立具有接受社会捐赠资质的公益性社会服务机构，打通企业、个人捐赠的通道。捐赠款项的

支出使用需要进行严格监管，相关政策法规应对支持科研事业的公益非营利组织运行进行规范，慈善组织持续运行需要具有社会声望和组织能力的领导者进行规划和社会号召。

2. 推进社会公益基金会的特色化多样化建设

一般情况下，基金会往往资金有限，政府应引导基金会将有限的资源聚焦，形成具有领域特色的基金会，对特定领域的基础研究活动进行持续稳定支持。同时，鼓励大型基金会补充资助自由探索型基础研究。另外，对特色化基金会加强宣传，提高基金会在研究领域内的知名度，推动基金会的多样化发展，拓宽社会公益捐赠投入基础研究的领域范围。

3. 提高公众对科技的关注度，提升社会对基础研究的重视程度

在教育层面，强化基础学科教育，开展基础学科实验班，为基础研究型人才发展设定更合理的发展路径，为具有学科特长的学生开辟求学通道，为基础学科人才发展规划职业生涯，提高学生报考基础学科的积极性；在宣传层面，制作基础研究纪录片，加强科技事业宣传，营造支持科技的社会环境，培育创新文化。

第三章
面向未来产业的有组织、有策略的颠覆性创新

当今世界正处于技术发展的高速期，产业更迭日新月异，任何一项新技术都可能带来非凡的挑战和机遇。而颠覆式创新以更高的技术水平取代现有技术，从中涌现出诸如物联网、5G 通信、人工智能等核心技术，引领未来产业革命的浪潮，极大程度地影响了人类社会发展和国际局势演化。

本章将以成功研发互联网、GPS 等技术的美国 DARPA，以数字空间、高度智能机器人等技术为发展目标的日本 ImPACT（Impulsing Paradigm Change through Disruptive Technologies Program 的简称）和 Moonshot 计划，以更加高风险、高回报、有快速转化潜力的科学研究为目标的英国先进研究与发明局（The Advanced Research & Invention Agency，简称 ARIA）为例，考虑组织（计划）的设计特征、现有制度、社会评价与存在问题，研究这些组织是如何对未来产业中的颠覆式创新进行创造、控制和应用

的。总结科技强国推进面向未来产业的颠覆式创新的成功经验与失败教训，为上海建设国际科创中心，发展面向未来产业的颠覆式创新提出对策建议。

第一节　颠覆式创新及其含义

正如互联网和智能手机对人类生活方式带来巨大影响，颠覆式创新（Disruptive Innovation）有可能对人类的生存与发展带来革命性变革，它可以创造或从根本上改变现有市场，从而创造一个全新的产业生态系统，或者可以解决一个巨大的技术、社会或生态问题。掌握颠覆性技术在一定程度上意味着拥有了决定科技和产业变革的主动权，因此颠覆性创新在新一轮科技革命和产业变革背景下被科技发达国家普遍关注。

颠覆式创新最早于 1995 年由美国哈佛大学克思斯坦森（Christensen）教授提出，它有别于科研人员通过累积性知识增长来解决当前某一知识领域留下的谜题或难题的渐进式科技创新范式，被认为具有前瞻性、突破性、异轨性等特点，这使得它并不适合于目前各国普遍使用的竞争性资助模式与项目管理机制，迫切需要在资助模式与管理机制创新，如图 3-1 所示[1]。

---

[1]　刘笑、胡雯、常旭华：《颠覆式创新视角下新型科研项目资助机制研究——以 R35 资助体系为例》，《经济体制改革》2021 年第 2 期。

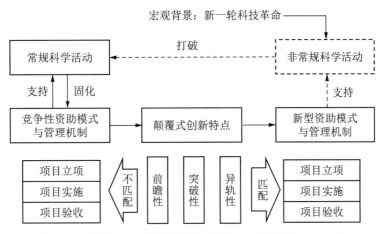

图 3-1 颠覆式创新下科研资助模式与管理机制的变革

来源：刘笑，胡雯，常旭华，2021。

为了支持面向未来产业的颠覆式创新发展，科技领先国家开始有组织、有策略地施展特定机制和手段，鼓励科学发现并创造技术突破，尤其是那些能够颠覆现有产业模式，具有变革性、战略性的技术。诸如美国国际战略研究中心、英国政府、日本科学振兴机构等纷纷提出相应的科学计划，来提高国家在颠覆式创新方面的竞争力。在国内，"颠覆式技术"于2016年被写入《国家创新驱动发展战略纲要》和《"十三五"国家科技创新规划》。2017年，党的十九大报告中提出，"突出关键共性技术、前沿引领技术、现代工程技术、颠覆式技术创新"，使得颠覆式创新这一概念受到社会各界的广泛关注。表3-1为近年涉及颠覆式创新的政府文件，由此可以看出在开发激进式、颠覆式创新以实现技术突袭方面，世界主要国家均投入巨大的人力物力，也直接证明这些国家对此类技术的重视程度。

表 3-1　包含颠覆式技术创新的政府文件

文件名	发布者	原始来源
产业战略白皮书	英国政府	先锋基金将把新的颠覆式企业与现有企业结合起来，以了解如何将这种新兴技术转化为将来成为行业基础的产品
国防 2045	美国战略与国际研究中心	颠覆式技术的扩散将进一步挑战现有的经济、军事或政治权力结构
ImPACT	日本科学技术厅	目的是创造具有颠覆式的创新，这种创新将带来产业和社会状况的重大变化，并且如果实现这一点也将震惊世界，并促进高风险和高影响力的研发
党的十九大报告	中共中央	突出关键共性技术、前沿引领技术、现代工程技术、颠覆式技术创新。加强国家创新体系建设，增强战略科学力量

第二节　美国：高级研究计划局的演变

一、DARPA 的基本情况

目前世界范围内最负盛名的激进式与颠覆式（breakthrough & disruptive）创新专门机构当属美国国防部属下的 DARPA（国防高级研究计划局），该机构负责开发改变科学界游戏规则的高风险、高回报技术，进而保持美军在世界范围内的技术优势。

DARPA 起源于 1958 年，冷战时苏联在导弹、航天等领域的不断进步迫使美国希望建立一种新的机制，从根本上解决重大科研问题的攻关，从而领导和控制颠覆式技术的发展。因此，该机构从建立之初就致力于寻找具有潜在巨大战略影响的挑战性问题，并且随着机构预算、制度设计、行政管理的不断优化，从而以最快的速度形成这种改变游戏规则的能力，在冷战后为人类社会带来了互联网、GPS、隐形技术等最杰出的创新技术。世界知名前沿技术促进机构，例如日本颠覆式研究开发推进项目（ImPACT）、英国先进研究与发明局（ARIA）、法国国防创新实验室（Innovation Defense Lab，简称 IDL）、乌克兰通用高级研究与发展机构（General Advanced Research & Development Agency，简称 GARDA）、德国网络和关键科技颠覆式创新机构（Agentur für Disruptive Innovationen in der Cybersicherheit und Schlüsseltechnologien，简称 ADIC）与飞跃式创新局（Bundesagentur für Sprunginnovationen，简称 SPRIN-D）、意大利创新与战略技术联合中心（The Joint Centre for Innovation and Strategic Technologies，简称 CINTES），以及美国拜登政府在 2022 年建立的高级健康研究计划署（Advanced Research Projects Agency for Health，简称 ARPA-H）、高级气候研究计划署（Advanced Research Projects Agency for Climate，简称 ARPA-C），均模仿了 DARPA 的组织构成与管理模式。

　　DARPA 自身是一个规模较小且独立的代理机构，几乎没有管理职能，也没有实验室或基础设施需要维护，具体的组织结构如图 3-2 所示。但是，它有效地将最好的科学思想与最高水平的决策联系起来，以创建具有影响力的愿景和想法，并在预算充足的情况下高效、快速而有力地将其转化为现实，这一切来源于 DARPA 特有的制度。

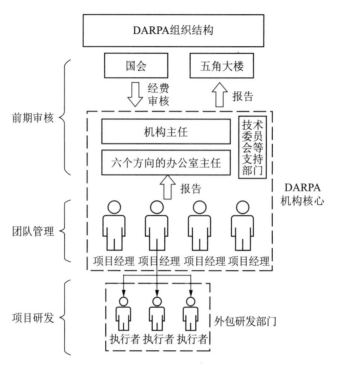

图 3-2　DARPA 的组织结构图

二、项目经理和执行者制度

DARPA 深知项目方向的决定不应该由委员会作出，因为真正的颠覆和突破并不能达成共识。因此，DARPA 构建了独特的项目经理和执行者制度来保证项目顺利进行。

项目经理负责整个项目的管理工作，需要确定哪些工作能产出预期结果、公布竞标需求并与执行者签约合同。DARPA 项目经理所需的技能类似于科技初创公司 CEO 的技能，常常需要具备深厚的专业知识和风险控制能力，并且能够激发整个团队的研发热情。因此，DARPA 招聘的项目经理，不仅限于政府，实验室和学术界，而是更多来自企业界和非营利组织。相较于其他研发机构的项目经理，DARPA 项目经理有三个特点。第一是权力范围大。DARPA 项目经理拥有定义、推广项目，选择或解雇执行者的权力。同时，项目经理拥有对项目内预算的绝对分配权力，可以自主开展新活动、改变现有方向和停止发展不佳的项目，也可以对执行者的绩效及预算作出及时响应，极大提升了项目管理的执行速度和灵活性。第二是 DARPA 项目经理不强制要求学历为博士，只要在其领域内取得重要成就即可。譬如，将产品投放市场、成功领导大学研究中心或创办企业，均可担任项目经理。尽管项目经理主要负责团队管理工作，但项目经理却少有 MBA 学位，因为相较于商业化的定义市场机会和编写商业计划，DARPA 更专注于管理不断变化的科研内容、更改研究方案以及随着项目需求的变化而调动人才。第三是 DARPA 项目经理人员变动大，每隔三年就会更新 80% 的人员。一方面是由于 DARPA 项目的失败率高，研发方向不断变化，另一方面则是为了限制部分项目经理的权力。[1]

与负责管理工作的项目经理不同，从事项目具体科研工作的小组被称为执行者，也被称为项目的承包商，大多来自公共科研机构或社会企业。由于 DARPA 没有自己的研发实验室，并且一个项目往往涉及多个领域，因此 DARPA 会资助在各类机构工作的执行者，并且每年会至少组织两次会议以审查进度和目标。这样做有两点好处：第一是在 DARPA 项目中，来自多所院校、企业科研部门的科

[1] REINHARDT B. 2020："Why does DARPA work?". https://benjaminreinhardt.com/wddw. 访问日期：2023 年 1 月 8 日。

学家会频繁地讨论，交换来自基础研究和应用研究的不同观点，碰撞出更多科研新方向的火花。这种制度使得 DARPA 项目参与者会时不时闲聊并互相询问对方的专业知识，与贝尔实验室处于鼎盛时期的工作气氛极为相似，有助于研究者开展交叉领域研究。第二是外部化研究本身也会带来一定的制度优势，前沿研究往往需要稀有的设备或知识，而这种资源往往被掌握在少数组织手中，通过合作项目访问这些设备或隐性知识比购买或租用它们要容易得多。同时可以保持 DARPA 相对较小且扁平化，项目经理可以有多个团队为同一目标而工作，而无需关注复杂的内部政治。此外，外部化研究使创新频繁变更方向和终止时，也不必担心解雇团队成员等人力资源问题。

三、资金制度

为了实现颠覆式、变革性的愿景，必须确保有充足的预算。但是多年来，与美国国防部近七千亿美元的年度总预算相比，DARPA 每年 40 亿美元的经费仅仅是国防部在科学领域投资中的一小部分，国防部对于 DARPA 的研发投入比与美国 GDP 中 R&D 经费投入的比例相当，因此 DARPA 的总体研发预算与投入比例并不突出。同时，DARPA 的许多预算主要用于组装武器和车辆系统等应用设备的研发，实际花在基础研究上的只有不到 15%，[1] 所以真正使得激

---

[1] WAIBEL A. 2019: "What is DARPA? How to Design Successful Technology Disruption". https://isl.anthropomatik.kit.edu/downloads/WhatIsDarpa.Waibel.pdf. 访问日期：2023 年 1 月 8 日。

进式和颠覆式创新能够顺利实施的，是 DARPA 极具特点的预算使用方式。

第一，与其他美国政府研究经费来源相比，DARPA 机构中的每个计划预算都很高，而直接分配给执行者的经费较少，大部分资金被项目经理掌控。例如，隐形战斗机 F-117 的研发周期仅持续了三十一个月，而预算投入就高达 82 亿美元。

第二，部署资金简单，且透明度不高。由于涉及美国军方的科研项目，相较于普通项目冗长的资金审批流程和细致入微的监管系统，DARPA 的资金使用自由度要高得多。只要是低于 50 万美元的预算，项目经理就可以通过支票支付，无需繁琐的申报流程。对于金额更大的预算，在 DARPA 主任审批通过后，就几乎不会对项目经理支出进行监督。DARPA 资金快速调度的能力很重要，因为资金通常会用于维持基本实验开销或支付人工成本，如果执行者无法迅速获得资金，他们将只能从事其他工作，从而影响研究进度。快速付款也可使得项目经理可以快速地根据新信息采取行动，并调整程序的运行轨迹，从而使其更有可能成功。

第三，预算投入方式为合同而非捐赠。大多数研究机构通过赠款建立基金，从而资助科研项目。这意味着审批经费时，基金委员会非常仔细地考虑项目成功率，或者直接凭借对特定研究者的信任作出决定。这样做在理性上可以规避风险，但当面对失败率高的创新项目时，这样做反而会浪费资源来帮助陷入困境的项目。DARPA 则是通过合同，并且在 DARPA 的合同中设定的几乎都是不可能实现的目标。如果执行者没有达到目标，则由项目经理决定是否取消合同，这意味着可以迅速将资金从无效的方案转移到有效的方案中。

四、前期项目流程制度

相较于常规科研项目在获得资助后立刻开始科研活动，DARPA的前期试错程序设计得更加细致，一个项目从立项到开始研发分为三个阶段。第一阶段为证明目标并非不可能，此阶段包含项目提出、项目选择和早期审核。DARPA 项目经理一开始提出的每个项目都经过技术委员会的严格技术审查。技术委员会由在计划区域和邻近区域具有技术专长的人员组成。除了就计划的技术健全性向项目经理提供建议外，技术委员会没有任何权力。这样一个纯粹的咨询部门，避免了委员会替项目经理做决定，将所有责任交由项目经理承担的情况。之后的程序选择标准相对简单，是根据 DARPA 的早期负责人乔治·哈里·海尔迈耶（George Harry Heilmeier）博士提出的研发项目需要回答的 8 个问题而定，[1] 包括当前局限性、目标概述、可行性分析、改进后差异、风险和收益、资金花费、时间花费和审核标准。这种选择程序后来被其他机构广为效仿，并把其称之为海尔迈耶问题（Heilmeier Catechism）。最终的项目策划首先由 DARPA 项目经理提出，并经过办公室主任审核，最后交付给机构主任。由于 DARPA 只有三层的扁平化管理结构，因此审核过程相对较快且有效，并且可以进行

[1] DARPA 2019: "2019 Strategic Framework". https://www.darpa.mil/attachments/DARPA-2019-framework.pdf. 访问日期：2021 年 5 月 5 日。

多次迭代。一旦在 DARPA 上成功通过一个项目，便将其上报给五角大楼，并提交给国会以批准预算。

因此，在收到预算时，DARPA 项目已经通过项目经理、技术委员会、办公室主任、机构主任、五角大楼和国会，从各个角度分析其可行性，但这依旧不能应对此类创新的高失败风险。因此 DARPA 还设计了第二阶段——证明目标有可能实现。此阶段可分为风险识别和酸度测试（Acid Test）两个步骤。在风险识别阶段，项目经理将其他项目经理和执行者召集在一起，精确地描述出目标、最大风险、未知因素及可以解决风险的措施，项目的每个未来发展方向都存在诸多风险障碍，而项目经理就需要以克服障碍为目标，制定实验步骤，所以每个 DARPA 项目可能会列出多条技术路线。而在之后，相比于常规科研项目，DARPA 项目在立项的三到九个月时间内，有一个称为酸度测试的阶段。耗资 5 万美元至 100 万美元，旨在将项目提出的创新议题从难以置信转变为存在疑虑，此阶段不是要找到问题的解决方案，而是旨在验证或反驳假设。这种程序过程可以使项目经理与执行者之间形成不断试错和改善的循环，将后续资源投入到更加可行的项目中。

第三阶段的目标是使目标成为可能，这是项目经理在计划中花费大部分时间和金钱的地方，并且可能贯穿多个项目经理的任期。与常规项目不同的是，在此步骤中，项目经理会为不同的执行者提供资金，以探索解决问题的不同部分和方法。项目经理确保从事不同工作的执行者通过正式和非正式渠道进行沟通，以最大程度地避免陷入困境并激发新想法。经理们会经常调整方向，终止无法继续的尝试，并将资金转移到新的方向上。

五、存在的问题

第一，DARPA 模式仅适用于军事领域。DARPA 为美国国防部带来了诸如隐形战机等尖端军事科技，这也意味着该机构的明确目的是支持国防部。在大多数情况下，DARPA 产生的诸如互联网、VR技术、自动驾驶等非军事技术是出乎意料的副产品。这会导致两个结果，首先，DARPA 的军事导向意味着有些民用副产品超出了范围，其后续发展 DARPA 不能给予更多的帮助，并且一些民生领域的创新项目，DARPA 将会难以涉及。其次，对于那些试图模仿 DARPA模式的非军事类组织，照搬其权力、资金和管理模式等制度会导致失败。

第二，DARPA 模式商业化存在很大困难。由于激进式和颠覆式创新的超前性，即使是 DARPA 也难以使技术脱离实验室进入现实世界。技术不能很好地融入大公司的产品线，投资者也难以看到未来十年时间里该技术的商业价值。DARPA 一直致力于解决此类问题，甚至在 2017 年组建了一个商业化团队，但始终没有优秀的商业化案例出现。

第三节　日本：从 ImPACT 计划到 Moonshot 计划的探索

在 20 世纪 80 年代泡沫经济破灭之后，日本经历了长达 20 年的经济停滞，也被称为"迷失二十年"。在此期间，由于工业结构和生活方式的巨大变化，日本公司无法改变其传统的制造策略，导致日本工业竞争力不断下降。同时，企业和社会本身也失去信心，认为日本再也无法承受增长所引致的风险。

为了消除这些问题，日本政府需要建立一个新的科学技术体系，大学和企业可以在其中大胆地解决具有挑战性的研究问题，并开拓新的创新领域。因此，在 2013 年，日本科学技术政策委员（Japan Science & Technology Agency，简称 JST）会通过了一项名为ImPACT(Impulsing Paradigm Change through Disruptive Technologies Program) 的颠覆式创新刺激计划，作为政府创新政策指挥中心的牵头项目，鼓励高风险、高影响力的研发，并致力于实现可持续和可扩展的创新体系[1]。

一、ImPACT 计划的特征

ImPACT 管理的实施可分为计划设计、主题设置、项目经理选拔、执行研发和验收评价五个阶段。首先是组建并召开计划促进委员会和计划专家组会，围绕 ImPACT 下每个课题项目经理的选择、评估，项目进展状况以及其他事项进行审议和讨论，会议主要由科学技术政策委员会官员和外部专家组成。其次是确定 ImPACT 计划的研究主题，根据不同技术对工业竞争力、社会问题、民众生活等方面的重要性，ImPACT 计划在确立之初设置了五个主题：（1）

---

[1] 日本内阁府："ImPACT 紹介". https://www8.cao.go.jp/cstp/sentan/seikagaiyo.pdf. 访问日期：2021 年 5 月 5 日。

日本式价值制造；（2）环境保护；（3）智能社区；（4）公众健康；（5）灾害防范。之后，ImPACT 委员会将负责招聘项目经理候选人，日本综合科学技术创新会议（Council for Science，Technology and Innovation，简称 CSTI）决定最终的项目经理名单，JST 将根据 CSTI 的决定雇用项目经理。项目经理将对研发计划进行全面管理，同时还将担任生产者，将研发成果转化为具有深远影响力的创新成果。研究课题启动后，项目经理将选择研究开发机构，并向 ImPACT 委员会寻求政策和资金支持。在研发验收时，CSTI 将聘请外部专家从多个角度对课题进行评估。包括是否获得了预期的结果，以及它们是否会在将来有进一步发展、计划管理是否适当等。

在每个科研机构都使用可支配资源的常规研发体制下，执行高风险和高影响力的计划是困难的。为了实现鼓励具有突破性和颠覆式的研发工作，吸收具有国际市场前景的技术并实现更高的研发目标，提升研发失败的包容性等目标，ImPACT 继承了从 2009 年到 2013 年实施的"世界领先的创新科技研发计划"（Funding Program for World-Leading Innovative R&D on Science and Technology，简称 FIRST）的制度优势，灵活地审查研究项目，为预算执行提供研究资金，建立研究支持组织，使得研究人员可以专注于研究和开发，以及借鉴 DARPA 成功的项目经理管理办法。ImPACT 为计划和执行提供了极大的自由度。这样做的好处是可以促进高风险、高影响力的研发，而不必担心失败；同时，公开招募选择的项目经理主导制定计划方案，可以推动这种大胆而富挑战性的研发正常开展；项目经理委托有关机构进行研究，以实现对这些研究计划和预算的完全分配。ImPACT 的项目经理与通常的研究人员有很大不同，他们不仅要管理研发进程，还需要领导技术的商业化进程。拥有大量权力的项目经理担当绝对领导者的角色，负责吸引研究人员，并将研发设计和管理能力与日本最高水平的研发能力结合在一起。

二、ImPACT 计划存在的问题

截至项目结束的 2019 年，ImPACT 并没有成为最初设想的日本版 DARPA，反而因为研究课题结果不理想等问题受到日本社会的广泛批评。在这项 5 年投资 550 亿日元的计划里，内阁府在最终审核报告中公布 ImPACT 中的 16 位项目经理只有一位获得了 S 的评价，主要有以下原因。

第一，ImPACT 提倡高风险和高影响力研究，但是上级部门 JST 却强烈要求项目经理进行研究课题的社会实施，最终评价也将商业化指标纳入其中，这与最前沿的激进式和颠覆式创新课题存在矛盾，从而引起项目经理制订课题发展方向的混乱。相反地，ImPACT 计划的前身，FIRST 计划则是更加注重基础研究与学术成果评价，在日本社会取得了积极评价。

第二，虽然 ImPACT 的项目经理拥有对项目的领导权，但每位项目经理被分配了少则 20 亿多则 50 亿的科研经费，导致上级部门的监管程序无比严格，对项目经理的超微管理、不断变化的评估方法、缺乏专业知识的上级领导和过多的会议，这些都使 ImPACT 受到种种约束，并且由于 JST 和内阁办公室都对 ImPACT 计划有监管权，项目经理往往需要应付来自不同管理主体的考察。

第三，ImPACT 试图对标美国的 DARPA 项目，但 DARPA 项目周期动辄十年，并且具体项目分为第一阶段（基本原理演示）、第二阶段（开发/应用）和第三阶段（实际使用）。而 ImPACT 真正的研发周期只有四年时间，因此在 2019 年最终评价时，科研课题只能演示并应用实验结果，一些项目经理决定在今后几年里成立合资企业，将其投入实际使用并将其商业化。同时，在生物技术等特定领域，如此短的科研周期和社会的强烈期望也增加了不当研究行为的风险。

第四，ImPACT 采取项目经理提出研究课题并管理团队的形式，所以项目经理多来自科研院校，尽管在 ImPACT 计划开展时是作为一个全职岗位，但计划结束后 16 位项目经理都返回其所在院校。这会导致项目经理的人力资源的培训和储备不能有效转换，拥有 ImPACT 经验的项目经理和项目经理助手不能为后续计划的开展提供熟练的管理运营服务。

三、Moonshot 计划的特征

意识到 ImPACT 带来的制度创新和实践中存在的不足，日本政府在 2019 年推出了 ImPACT 2.0 版本，也就是如今的 Moonshot 研发计划。该系统设置的初衷同样也是培育可以颠覆现有技术逻辑的创新成果，最终成果要像当初美国阿波罗登月计划一样轰动世界，具体的组织结构如图 3-3 所示。

Moonshot 的项目流程相较于 ImPACT 有所改进，主要分为 3 个阶段，主题确定、研发实施和结果评价。在主题确定阶段，CSTI 会根据由政府官员和外界专家组成的战略委员会的意见，确定项目的

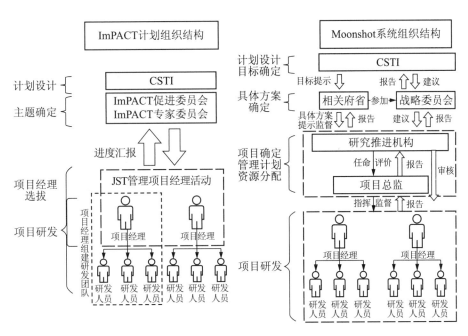

图 3-3　ImPACT 与 Moonshot 组织结构图

整体主题，而各相关府省构思实现主题的大致方案。相比 ImPACT，Moonshot 的主题更具有挑战性，提出的 7 个主题，包括构建虚拟社会、早期疾病预防、高度智能机器人、全球资源循环利用、可持续粮食供给、量子计算机、根治百岁前疾病。在研发实施阶段，区别于 ImPACT 的项目经理制度，Moonshot 系统设有统一的研究推进机构，提供知识产权管理、国际标准化、公共关系、技术趋势调查等支持，该机构也会任命各主题的项目总监，总监除了负责主题中资源分配等管理工作外，还会战略性地构建一个投资组合以实现主题目标，并根据项目组合跟踪研发进度。召集的项目经理受项目总监指导，制定项目计划，带领团队开展研究活动。在结果评价阶段，研究推进机构每年都会向战略委员会等上级部门提交内外部评估报告，并根据建议决定项目后续发展，在项目开展的第五年，CSTI 通过例行程序决定是否继续或终止后续研发计划。研究推进机构也会根据每个主题内项目完成情况，对项目组合进行重组。

相较于 ImPACT，Moonshot 计划有以下特点。

第一，更适合激进式和颠覆式创新研发的计划规模与投入。Moonshot 旨在解决那些存在困难但有望实现的重大社会问题，比 ImPACT 的主题更具有挑战性，属于全球范围内的最新研究。相较于 ImPACT5 年 500 亿日元的预算，Moonshot 给各个项目设置的最长期限为 10 年，最终主题实现年份为 2050 年，且前 5 年预算已超过 1000 亿日元。充足的时间与资金确保创新可以完成从开发到实际应用的各个阶段。日本政府希望通过此举，将来自世界各地研究人员的智慧汇聚在一起，并力争在业内顶尖管理者的领导下，实现影响未来社会的技术研发目标。

第二，聘用项目总监改善研发管理流程。相较于 ImPACT 直接模仿 DARPA 的项目经理研发管理模式，Moonshot 聘用各主题领域内的技术专家担任项目总监，项目总监招募来自日本和海外的顶尖研究人员作为项目经理，组建团队开展研发活动，不直接参与研发过程，可以鸟瞰系统中的所有项目，以便综合灵活地协调整个计划。Moonshot 也鼓励项目总监在每隔 5 年的项目审核中，将失败或前景不佳的项目提前终止或交付中间结果，防止出现类似 ImPACT 中项目经理滥用经费、项目研究进度滞后等问题。

第三，核心权力分散，相关部门责任明确。内阁府、科学和技术部、厚生劳动省及经济、贸易和工业部等部门均参与 Moonshot 的系统设计和主题确定，确保计划中的所有主题均能获得对应的官方机构支持，从超过 1800 项目标中筛选出 7 个最终主题。资金也不仅仅由计划委员会独自管理，而是由专门的研究促进机构负责。资金来源包含内阁办公室、卫生与医疗战略办公室、日本医学研究与开发局等政界和学界机构，确保资金使用正确，避免出现类似ImPACT计划中大型糖果公司赞助证明摄入高成分巧克力有益健康的课题。

第四，项目组合投资搭配饱和式研究。ImPACT中16位项目经理负责的16个课题不存在竞争关系，科研经费、时限和预期成果在立项之初就已经确定，虽然给予创新项目充足的开发资源，但项目后期却屡次出现进度滞后等现象。Moonshot吸取经验教训，采用组合投资的方式，将每个主题划分为多个项目，每个主题的投入资源固定，各个项目需要不断产生阶段性成果以获取更多资源倾斜。在容忍失败的同时促进具有挑战性的研发，以灵活审查投资组合鼓励主题内项目充足。

第四节　英国：UKRI体系外的专项资助计划

英国作为西方老牌的科技创新强国，科学传统历史悠久，可追溯到数百年之前，从蒸汽机到无线电的发明，从疫苗到燃料电池，其科学、研究和创新对全世界的贡献毋庸置疑。英国广泛且深厚的研究基础，使其在科学、工程、数学、物理学、医学、社会科学等众多领域具有卓越的基础优势。但是，近年来英国在国际舞台上的科技创新进程逐渐被其他国家反超，英国着手对其研究与创新格局进行重大调整。

一、UKRI 体系存在的问题与 ARIA 设置的初衷

首先，由于英国科研投资水平相对较低，创新系统中出现了诸多问题。在颁布全新的创新体系前，英国首先拟解决研发投入不足的问题，截至 2027 年，政府计划将在研发方面的投资增加到 GDP 的 2.4%，并承诺到 2024 年—2025 年，将每年用于研发的公共资金增加至 220 亿英镑（BEIS，2021）。此外，英国政府还将与各地的企业、学术界、慈善机构和其他社会组织合作，应对一些严峻的社会挑战。譬如，英国通过国立卫生研究所（National Institute for Health and Care Research，简称 NIHR）牵头的 i4i 计划，吸引以中小企业为代表的社会各界参与，以支持医疗领域的激进式和颠覆式创新，虽然从 2010 年到 2017 年每年的项目成功率不超过 30%，但却奠定了英国早期具有突破意义医疗技术的发展。[1]

其次，英国全新的科技体系研究与创新组织（UK Research and Innovation，简称 UKRI）于 2018 年成立，旨在统筹英国境内的科技创新问题。UKRI 是一个伞形组织，包括 7 个专业领域的研究委员会和一个名为 Innovate UK 的创新资助机构。但是由于机制设计原因，UKRI 的资助计划出现了诸如规避风险、难以获得资金、跨学科范围有限、目标短浅、缺乏商业化等问题。加之最近几年，英国政府开始重视高风险高回报的创新活动，所以准备在现有 UKRI 系统外成立单独部门，推动以颠覆式创新为主的研究发展，并在 2021 年 2 月建立

---

[1] Holly Else. 2021: "Plan to create UK version of DARPA lacks detail, say researchers". Nature, February.

一个以 DARPA 为蓝本的从事高级研究且资金独立的机构——先进研究与发明局（The Advanced Research & Invention Agency, ARIA），该机构通过新的长期资助模式支持激进式和颠覆式技术和基础研究，旨在推动高风险、高回报的科学研究，与现有 UKRI 系统中其他重要的研究机构有很大不同。

科学技术委员会为该机构确定了 7 项指导识别伟大创新的中心原则：激发社会、学术界和行业；帮助解决重要的社会问题；真正具有突破性；重点关注基础科学正处于实现重大突破的阶段；明确要实现的目标，并有明确的完成时限；能利用英国已成为或有望成为世界领先者的地位；产生巨大的额外收益。[1]

该机构的核心将是灵活、快速地为研究人员提供资金，以最便捷的方式支持科研工作并避免不必要的官僚作风。ARIA 提供包括计划拨款、种子拨款和奖励激励等资金分配服务，并具有根据项目进展启动、停止或重新定向项目的能力。ARIA 将在 4 年内获得最初的 8 亿英镑资金，但这只占政府总研究经费的 1%，也仅是公共研发资金总支出的一小部分。英国政府称这笔资金是英国探索此类创新的风险投资基金，ARIA 领导人明白获得资助的项目中只有少数能取得成功，也几乎没有项目能带来可观的回报，后续资金会根据项目进展情况分阶段投入。ARIA 正与其他资金机构一起成为英国科研投资组合的重要组成部分，ARIA 还通过开展国际合作，支持国际上具有变革性的研发活动。

---

[1] Department for Business, Energy & Industrial Strategy, 2021: "UK to launch new research agency to support high risk, high reward science". https://www.gov.uk/government/news/uk-to-launch-new-research-agency-to-support-high-risk-high-reward-science. 访问日期：2021 年 5 月 5 日。

二、ARIA 与 DARPA 的区别

第一，项目负责人的自由度不同。与 DARPA 的客户是美国国防部不同，ARIA 不受交付特定政府部门的约束，这意味着 ARIA 的领导层将拥有更大的权力来设定该机构的愿景。有许多工程师将是优秀的候选人，并可以支持创建协作文化，这将有助于该机构在英国的创新生态系统中蓬勃发展。与此同时，更多自由度与缺乏军方背景意味着 ARIA 机构管理将会比 DARPA 更加困难，特别是对于各领域项目负责人的监督。英国政府打算将 ARIA 排除在《信息自由法》之外，并不受政府支出的标准检查。缩短处理请求所需行政时间与精简和敏捷的运营模式，一方面可以保护英国的竞争优势，抢占科研先机。但另一方面，现行的诸如赠款申请的道德审查和同行审查等制衡机制可以防止腐败和裙带关系，ARIA 赋予新机构的领导巨大的权力，以至于可以全权决定拟投资的高风险、高回报的科学领域，在很大程度上提高了机构运营风险。

第二，对于成果商业化的重视程度不同。相较于美国 DARPA 实验性的商业化部门，英国政府在技术的商业化推广方面拥有丰富经验，例如海上风电的差异合同，使得英国在此科技领域拥有全球顶尖的研发团队和活跃市场。尽管英国 ARIA 不以商业化为核心目标，因为这将分散其核心战略使命，但 ARIA 还是积极建立商业化部门，旨在利用采购和需求方政策拉动技术和创新，其客户包括政府机构和企业。在没有如 DARPA 与美国国防部那样专门客户关系的情况下，ARIA 可以专注于商业和工业活动的升级和突破，将技术和创新推向民用市场。其次，ARIA 也在开发专门的政府客户，未来合作对象包

括卫生与社会护理部（生命科学）、商业、能源与产业战略部（清洁能源）或国防部，通过公共采购最大程度地发挥其项目的潜力。

第三，人才吸引的策略不同。在人才吸引方面，DARPA 的项目经理多为美国国防部特殊雇用，相较于薪酬，项目经理们更看重 DARPA 提供的科研平台，为可以解决巨大挑战而感到荣幸，因此 DARPA 机构内的薪资水平并不高。而 ARIA 计划在确保职员获得与 DARPA 项目经理相同科研条件的基础上，额外增加薪酬和其他物质奖励，超出科研人员的通常工资范围。因此，ARIA 招聘原则是在强调科学、工程成就的基础上，采用类似 CEO 评价标准区分候选者，这类人员多来自企业界，而非学术领域。

第五节　政策建议

DARPA 特有的项目经理与执行者制度、资金管理制度和项目前期的试错制度，使得 DARPA 成功研发了多项改变世界的创新发明。ImPACT 与 Moonshot 作为日本政府对 DARPA 模式民用化改革的大胆尝试，在项目流程和资金管理等方面与 DARPA 不同，日本国内对其评论呈两极分化态势。ARIA 作为英国政府 2021 年公布的最新专项计划，试图复制 DARPA 的成功，并且在项目负责人、商业化管理和人才吸引方面做出诸多改进，后续效果倍受国际社会关注。

通过对上述三个科技强国推进颠覆式创新经验的剖析，本书尝试为上海促进未来产业发展，开展颠覆式创新提供具有参考价值的信息，并提出以下五点建议。

第一，研发团队国际化。DARPA、ImPACT、Moonshot、ARIA
都旨在促进常规创新计划无法解决的高风险、高回报的科研活动，但
从全球化的角度来看，该任务不一定能改变国际范围内的现有游戏规
则。相反，一些常规的国际科研合作反映了目前国际上主流的研发趋
势，即融合各国优势并通过国际合作有效利用有限的资源，实现共同
目标，获得技术应用的场景并开发新的市场。因此在后续创新项目中
应当加强国际合作，推动研发活动国际化，吸引更多的海外研究人员
加入，推动上海科创中心的国际化进程。

第二，支持团队专业化。DARPA 模式下的项目经理拥有巨大
的权力，然而能完全掌握项目全过程知识的领域内项目经理屈指可
数。因此，在项目各个阶段，项目经理需要得到各领域专家的指导
和建议，包括知识产权战略和未来的商业化计划，或者像 Moonshot
计划中指派专职研发总监管理项目经理，并进行系统的审查、监督
与指导。此外，在知识产权管理、标准国际化、国内外技术趋势调
查等辅助决策方面，或是项目结题后的商业化支持及成果转移转化
方面，机构可以招聘专门人才辅助项目经理的工作，并对项目进行
持续跟踪。

第三，目标设定全面化。DARPA 中具有实用性且细化的目标为
研究指定明确方向，这是在不受传统价值观念和陈规定型观念束缚的
情况下，来自产学研各领域和研究组织者的新想法。但问题在于，这
种自下而上的目标设定方法仅适用于军事类的单个领域，难以扩展
到商用、民用等科技领域。但是如果研究主题采取类似 ImPACT 和
Moonshot 计划中的自上而下制定广义目标方法，未来科技发展总体
趋势可以把控，但社会各界很难抽象出具体的实验方案，难以引起

研究人员的兴趣。因此，应该结合自上而下和自下而上的目标设定方法，先由政府部门制定宏观方向，再由社会各界研究人员结合社会和工业的发展趋势制定具体目标。此外，DARPA 作为美国国防部的"研发基地"，除了将美军各个战场当作成果的试验场，也会应对国防部带来的大批需求。所以在确定具体目标时，此类创新项目还要听取社会各界利益相关者的意见，设定能解决社会问题和用户需求的目标。

第四，项目评价丰富化。现有激进式和颠覆式创新计划中，多角度的内部专家会议和顾问建议不可或缺。一方面，可以制约某些项目经理滥用职权，另一方面，可以为项目在机构内部争取更多关注。但在资源充足的情况下，每个项目都应参照 DARPA 的前期立项模式由外部专家进行技术咨询和评估。外部专家的参与会使项目的进度、范围、质量的复杂性增加，但外部评估仅在项目前期和验收时在机构负责人监督下进行，最大限度地尊重项目经理的自主权，保证项目的独立性。最后，由于此类创新的风险极大，项目验收的评估不仅要考察研发的成果水平，也要像 ImPACT 计划一样评估项目团队的能力情况，为后续项目做准备。

第五，成果转化稳定化。DARPA 的研发成果会直接交付美国国防部，拥有稳定的客户和技术转化渠道。民用类创新项目则没有具体的需求方，研发的具体内容均由项目经理主导构建，因此成果转化存在一些问题。机构应该积极寻找可能的相关需求方，在项目计划内解决成果转化问题，构建创新创造生态系统。譬如，对项目计划的成果进行宣传推广，增加商业化支持，以加快解决社会问题。而不是像 ImPACT 计划一样，结束后由项目经理自行加入初创企业。为此，可以成立专门的商业化推广团队，从知识产权、技术标准化、技术市场调查等方面向研发团队提供支持。对外宣传研发成果，鼓励人文类科学家积极参与发表观点，提高新技术的社会接受度，挖掘市场需求。使得上海国际科技创新中心的建议成果更好地转化为实际应用，形成更大的辐射效益。

第四章
建制性科技力量与社会创新力量融合模式及机制

当前，科技创新正处在加速迭代、密集突破的新阶段，在为经济社会发展持续注入新动力的同时，也催生了一些新的挑战。譬如，一些前沿基础研究和关键核心技术的系统性突破需要更具深度的跨学科、跨产业、跨体系、跨越国界的协同和合作，但是近年来，单边主义、孤立主义和封闭主义逐步抬头，国际科技合作中正常的学术交流、科研合作、人员往来受到严重影响。再如，科技创新要素和科技创新活动呈现出"极化"趋势，"马太效应"愈加明显，在一定程度上加剧了区域间的不平衡。又如，面对日益智能化的生活场景，许多老年人无法适应技术的快速发展，茫然失措。种种迹象表明，在科技进步加速的背景下，国内外的经济社会发展都出现了一系列新的不匹配、不适应及不平衡，需要引起足够重视，并在科技创新治理实践中予以回应。

科学研究范式、科技创新模式及科研组织形式都在快速迭代发展，科技创新的平台化、数字化、智能化、网络化及社会化特征愈加明显。传统的"科学家＋实验室"的科研体制逐渐被打破，更多的创新活动在体制外发生，社会创新力量快速壮大。在某种意义上，战略科技力量是建制性科技力量和社会创新力量的合集，前者更多指向高校、院所、国有企业等，具有人力资源、科研平台及研发投入等方面优势，后者则以中小企业、新型研发组织和社会公众为主。未来一段时间，科技创新治理的重心应该下沉，更多向社会创新力量倾斜，通过建制性科技力量提供各种功能性保障，为其创造更多可能性。反过来，也可以通过社会创新力量激发建制性科技力量的活力。本章在梳理国外建制性科技力量和社会创新力量融合经验的基础上，重点针对建制性科技力量与社会创新力量的融合模式与策动机制展开研究。

第一节　建制性科技力量和社会创新力量的内涵及特点

2022 年 10 月，党的二十大报告中提出新形势下完善科技创新体系需要健全新型举国体制，强化国家战略科技力量，优化配置创新资源；并强调加强企业主导的产学研深度融合和强化企业科技创新主体地位，指出要发挥科技型骨干企业引领支撑作用和营造有利于科技型中小微企业成长的良好环境。2021 年 5 月，习近平总书记在两院院士大会、中国科协第十次全国代表大会上指出，国家实验室、国家科研机构、高水平研究型大学、科技领军企业都是国家战略科技力量的重要组成部分。部分学者认为国家战略科技力量是以国家战略为导向、国家支持，是国家科研机构、高校、企业等科技力量的集合与协同；[1]国家战略科技力量是多方主体协同合作的科技力量网络；[2]国家战略科技力量的新型组织模式是以国家重大战略为牵引，体系化、协同式、有组织地进行科研活动。[3]2022年9月，中央全面深化改革委员会第二十七次会议审议通过《关于健全社会主义市场经济条件下关键核心技术攻关新型举国体制的意见》，提出推动有效市场和有为政府更好结合，优化协同攻关机制，完善新型举国体制。[4]2020年10月，党的十九届五中全会通过的《中共中央关于制定国民经济和社会发展第十四个五年规划和2035年远景目标的建议》指出，强化国家战略科技力量需要发挥新型举国体制优势，推进科研院所、高校、企业科研力量优化配置和资源共享，提高创新链整体效能[5]。国家实验室、国家科研机构、高水平研究型大学、科技领军企业共同参与国家战略科技力量建设，从其组织属性出发分为政府主导的建制性科技力量和社会自发形成的社会创新力量。推动建制性科技力量和社会创新力量的结合，尤其注重提升社会创新力量的积

[1] 肖小溪、李晓轩:《关于国家战略科技力量概念及特征的研究》,《中国科技论坛》2021年第3期。
[2] 刘庆龄、曾立:《国家战略科技力量主体构成及其功能形态研究》,《中国科技论坛》2022年第5期。
[3] 尹西明、陈劲、贾宝余:《高水平科技自立自强视角下国家战略科技力量的突出特征与强化路径》,《中国科技论坛》2021年第9期。
[4] 《健全关键核心技术攻关新型举国体制》,《光明日报》2022年9月30日。
[5] 《中华人民共和国国民经济和社会发展第十四个五年规划和2035年远景目标纲要》,《人民日报》,2021年3月13日。

极性，有利于加快国家战略科技力量建设，有利于健全新型举国体制，有利于进一步完善国家创新体系。

建制性科技力量由四部分组成。一是国家主导的国家实验室体系。国家实验室是国家战略科技力量的一种重要组织形态和功能定位，其核心特征是战略导向、综合集成、前瞻引领、不可替代；[1]在研究方向、领域和项目布置方面，要体现国家意志。[2]二是政府财政支持下的高校体系及国家科研机构体系。高校以人才培养和知识创造为主要目标，发挥教育资源优势，培养优秀人才；发挥多学科优势，进行原始创新和基础研究，催生创新成果。国家科研机构以中国科学院、中国工程院为代表，坚持"四个面向"，致力于突破关键核心技术，解决国家重大科技问题。三是政府、高校或科研机构牵头的新型研发机构，与企业合作，聚焦于产业经济，培育战略性新兴产业。四是国有企业，借助深厚的科技资源优势，破解"卡脖子"技术瓶颈，促进科技成果转化。

社会创新力量主要包括科技型企业以及企业主导的新型研发机构等，以市场需求为导向，聚焦产业发展，在加快关键技术突破和促进技术快速成熟、迭代升级方面具有不可替代的作用。各国国家创新战略均有关于企业作为创新主体的论述。新型研发机构指的是主要从事科学研究、技术创新和研发服务，投资主体多元化、管理制度现代化、运行机制市场化、用人机制灵活的独立法人机构。[3]

──────────

[1] 贾宝余、王建芳、王君婷：《强化国家战略科技力量建设的思考》，《中国科学院院刊》2018年第6期。

[2] 樊春良：《国家战略科技力量的演进：世界与中国》，《中国科学院院刊》2021年第5期。

[3] 科技部：《关于促进新型研发机构发展的指导意见》(国科发政〔2019〕313号)。

新型研发机构的优势体现为知识双向流动、合作稳定、实行一体化运行。[1]

近年，科技型企业和新型研发机构发展迅速，社会公众的创新参与程度显著提高，创新热情高涨，已成为重要的社会创新力量，如图4-1所示。

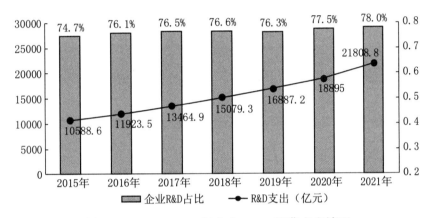

图4-1　2015—2021年企业R&D经费支出情况

数据来源：中国统计年鉴2022。

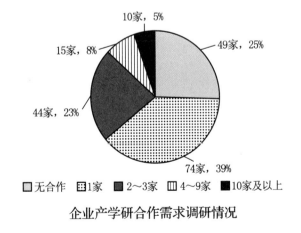

企业产学研合作需求调研情况

---

[1]　任志宽：《新型研发机构产学研合作模式及机制研究》,《中国科技论坛》2019年第10期。

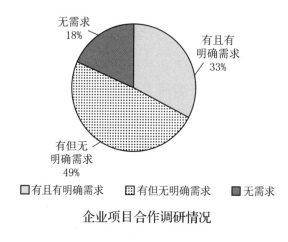

企业项目合作调研情况

图 4-2　中小企业产学研合作调查情况

2020 年企业 R&D 经费支出在全国 R&D 经费支出中占比超过 77%，社会创新力量有能力参与国家项目，同时有一定诉求。本书对上海市"小巨人""专精特新"企业产学研需求和项目合作情况进行了调研，调研结果如图 4-2 所示。

接受问卷调查的上海市"专精特新"小巨人企业中，有超过 80% 的企业有产学研合作需求，其中，32% 的企业对合作对象有明确需求，并且部分企业希望获得技术支持，如科研设施、技术人员等资源；但从企业的合作情况来看，25% 的企业并没有合作项目，仅有一个合作项目的企业占比将近 40%，这表明尽管企业有合作需要，但在开展合作中存在实际困难。

目前，国家正在加快组建国家实验室，重组国家重点实验室体系，社会创新力量的参与有助于释放创新活力；同时，为促进地区产业经济发展，各地均提出以企业为主体，联合高校和科研机构共同打造创新高地和产业集聚区。为促进我国社会创新力量和建制性科技力量融合，本章构建了建制性科技力量和社会创新力量结合的研究框架，如图 4-3 所示。

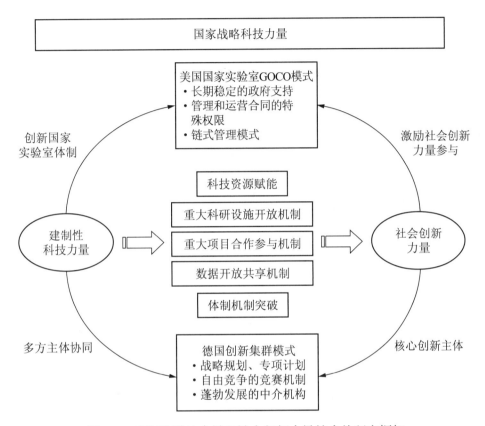

图 4-3　建制性科技力量和社会创新力量结合的研究框架

　　围绕建制性科技力量和社会创新力量结合的研究框架，本章将从两方面展开研究：一是总结美国和德国建制性科技力量和社会创新力量的结合模式和主要特点；二是研究在策动社会力量创新方面，建制性科技力量如何突破体制机制，将自身创新资源集聚优势赋能社会创新力量，主要包括重大科研设施开放机制、重大项目合作参与机制、数据开放共享机制，提高社会创新力量参与国家重大科技战略的积极性。

第二节　建制性科技力量与社会创新力量结合的典型模式

美国国家实验的 GOCO 模式和德国创新集群策动是建制性科技力量与社会创新力量结合的典型模式，本节将重点针对这两种模式进行介绍。

一、美国：支持社会创新力量参与的国家实验室 GOCO 模式

美国国家实验室是美国联邦政府在特定时期，根据国家战略导向，建立的肩负"国家使命"的科研设施。美国国家实验室全部都由政府投资建设，隶属于联邦各部门。按照运营管理方式，分为国有国营 GOGO(Government-Owned, Government-Operated) 与国有民营 GOCO(Government-Owned, Contractor-Operated)。国家实验室 GOGO 模式由联邦各部门直接管理，此类国家实验室完全是国家性质的科研机构，主要聚焦于国家公益性或涉及国家安全的科技领域，这些领域投入巨大，较难体现直接的经济价值，但具有国家战略意义和社会价值。国家实验室 GOCO 模式也被称为联邦资助的研发中心（FFRDCs），政府不直接参与管理，而是将运营权委托给大学、科研机构、企业及其他非营利机构。这类国家实验室从事的相关领域既符合国家战略需要也贴近市场，具有一定的产业经济价值。目前，美国国家实验室中有 42 家 FFRDCs，其中，22 家由非营利机构管理，15 家由大学管理，5 家由企业管理，具体如图 4-4 所示。

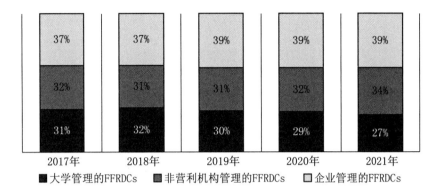

图 4-4　联邦资助的研发支出中不同类型 FFRDCs 占比情况

数据来源：NSF 统计数据，https://ncses.nsf.gov/pubs/nsf22304。

2021 年，企业管理的 FFRDCs 从联邦政府获得的 R&D 经费占联邦政府资助 FFRDCs 全部 R&D 经费的 39%，说明这 5 家 FFRDCs 在执行美国国家战略任务中的显著位置。其中，美国能源部下属的 17 家国家实验室，16 家属于 GOCO 模式。美国能源部对于 FFRDCs 的管理模式为我国社会创新力量参与国家实验室体系建设提供了有益启示。

（一）GOCO 模式的特点

除了由企业负责运营外，美国能源部下属的国家实验室 GOCO 模式在深化与社会创新力量合作方面还有以下特点。

第一，政府长期稳定支持和规制保障。美国《联邦采购条例》规定，GOCO 国家实验室 70% 的研发资金由联邦政府支持，能源部与运营机构签订合同的时限一般在 5 年以上；[1] 同时也要求国家实验室具有明确使命和任务、专业指导能力，能够保证战略项目的

---

[1] acquisition.gov: FAR Part 35—Research and Development Contracting, https://www.acquisition.gov/far/part-35.

评估和监督。以此确保 GOCO 国家实验室合作的长期性和研发经费的稳定性，从而保持和发展高度专业的知识。在《史蒂文森-威德勒技术创新法》中，规定国家实验室必须主动将科研成果转移到产业部门，并将技术转移作为考核国家实验室科研人员绩效的重要指标。年预算在 2000 万美元以上的国家实验室，必须设立专门的研究与技术应用办公室。

第二，管理和运营合同的特殊权限。管理和运营合同（Management and Operating 合同，简称 M&O 合同）源于二战时期的曼哈顿计划，通过《原子能法案》立法保障，允许承包商获得超越普通合同范畴，更为敏感的数据、人才、设施等资源访问与使用权限；同时规定，不能和私营部门竞争联邦研发合同并且承包商运营实验室必须成立专门的公司实体，保证其中立性和独立性。[1]在 M&O 合同框架下，联邦政府可以更大程度地发挥企业的管理经验和灵活性来完成战略研发任务，企业也可以借助政府的特别支持吸引和留住高级人才。

（二）GOCO 模式的管理机制

美国政府管理部门建立了对 GOCO 国家实验室的链式监督管理机制，实验室运营机构具备较高的自主性，如图 4-5 所示。

---

[1] energy.gov, 2022: "DISCUSSION OF THE ORIGIN, CHARACTERISTICS, AND SIGNIFICANCE OF THE DEPARTMENT OF ENERGY's MANAGEMENT AND OPERATING (M&O) FORM OF CONTRACT", November.

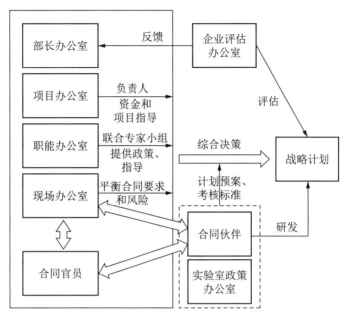

图 4-5　GOCO 模式的组织图

在链式监督管理机制下，[1]部长办公室、项目办公室、职能办公室、现场办公室和合同官员，分工协作。部长办公室代表联邦政府部门负责实验室的监督管理；项目办公室负责项目的资金支持和指导；职能办公室与上下游办公室及专家小组进行交流合作，协调和解决项目管理问题[2]；现场办公室与运营主体最为接近，代表项目办公室监督实验室运营、整合、平衡合同要求和风险；合同官员与现场办公室参与到项目中，根据情况对上级进行反馈，实时监测实验室绩效，确保战略计划的顺利进行；企业评估办公室对项目进度进行评估反馈，保证联邦政府部门对实验室的项目控制和监督管理；社会创新力量作为

[1]　DOE: "Roles and Responsibilities—National Laboratories", https://www.directives.doe.gov/directives-documents/100-series/0112.1APolicy/@@images/file。访问日期：2022 年 11 月 27 日。

[2]　赵俊杰：《美国能源部国家实验室的管理机制》，《全球科技经济瞭望》2013 年第 7 期。

合作伙伴，与实验室政策办公室协商制定战略计划及考核标准，全程独立自主地开展科研活动，通过与现场办公室等机构的沟通，推动项目进程。

社会创新力量在美国实验室 GOCO 模式中通过政策的稳定支持、M&O 合同的特殊权限和链式监督管理，获得建制性科技力量的科技资源和专业指导，一方面可以助力项目完成，另一方面有助于社会创新力量研发能力提升。

二、德国：自由竞争，以社会创新力量为核心的创新集群

德国在国家战略科技力量建设中，一直把社会创新力量放在核心位置，德国全社会研发投入有三分之二来自企业界，中小企业在创新发展中发挥着决定性作用。鉴于单个企业拥有的资源和能力有限，德国政府积极开展以企业为核心的创新集群策动，如图 4-6 所示，从战略层面为社会创新力量参与国家重大科研项目指明方向，通过自由竞争提高集群创新竞争力。

（一）顶层设计——明确社会创新力量的创新方向

一是战略规划。德国的战略规划具有连续性。2006 年，德国出台《德国高科技战略》，在 17 个重点领域加大资金投入，引导中小企业合作开展创新活动。2010 年的高科技战略聚焦于 5 个重点领域，支持中小企业创新，强调发展产业集群。2014 年的《新高科技战略——为德国而创新》继续围绕多元协同和中小企业创新等主题提出

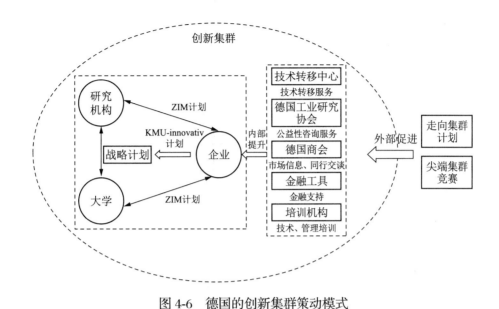

图 4-6　德国的创新集群策动模式

行动计划。2018 年的《高科技战略 2025》则强调加大促进科研创新力度，为产业界和科学界的研究方向提供战略规划。

　　二是专项计划。联邦教育与研究部推出中小企业创新计划（KMU-innovativ），支持生物技术、医疗、信息和通信技术等 10 个领域的中小企业前沿技术创新[1]，这些领域明确体现了政府的战略目标。同时，实施中小企业创新集中计划（ZIM 计划），推动中小企业与科研机构合作，共同参与科研项目。该计划支持对象包括中小企业及其合作的研究机构，[2]在项目选择上突出国家战略目标，同时具有企业选择的开放性。同时，联邦政府推出"研究奖金"鼓励合作研发，研究奖金为参与合作的研究机构提供资助，额度最多为合同总经

［1］　陈强、陈玉洁：《德国支持高成长性创新型企业发展的政策措施及启示》，《德国研究》2019 年第 1 期。

［2］　史世伟、向渝：《高科技战略下的德国中小企业创新促进政策研究》，《德国研究》2015年第 4 期。

费的 25%。专项计划和"研究奖金"表明德国政府希望社会创新力量参与面向战略需求的研究项目。

（二）创新集群—提升社会创新力量的创新能力

20 世纪，德国联邦政府意识到生物领域的落后境地，推出国家集群计划—生物区域计划（BioRegio），支持建制性科技力量和社会创新力量合作开展研发活动，打造创新集群。在提高创新集群创新能力和激发社会创新力量活力方面，德国的集群策动有以下特点。

一是自由竞争的竞赛机制。德国政府通过连续的竞赛机制，如 2007 年的"尖端集群"竞赛、2010 年的"领先集群竞争"和 2014 年的"走向集群"计划，向优胜集群提供国家资助，提升创新集群的整体凝聚力，培育具有竞争力的先进创新集群，对标更高层次的国家重大战略科技项目。同时，在大学与科研机构的技术转移中引入"高等院校和企业间的技术转移"竞争机制，在德国科学基金会（Deutsche Forschungsgemeinschaft，DFG）的资助下，推出知识转移项目、三边转移项目和转移 HAW/FH PLUS 项目，支持大学和科研机构向企业转让技术的竞争。这些竞赛机制，一方面强化了创新集群内大学、科研机构与企业的合作关系，增强了互信，另一方面也提升了创新集群的创新竞争力。

二是发展中介服务机构。德国创新集群内活跃着一批技术转移中介服务机构，譬如史太白技术转移中心，作为集群创新主体之间的"桥梁"，服务于技术创新过程的各个阶段，提供全方位服务；德国工业研究协会致力于为中小企业提供公益服务；德国商会提供市场信息、法律及人力资源服务，搭建同行交流平台；金融公司为中小企业提供金融支持，以降低企业的研发风险；培训机构，注重提升中小企业管理能力。这些机构和组织为创新集群内各创新主体牵线搭桥，推动形成了功能完备、关系紧密、具有韧性的创新网络。

三、美国和德国的经验启示

在美国和德国建制性科技力量与社会创新力量结合过程中，双方都注重提升社会创新力量的创新水平和创新参与度，主要聚焦于促进建制性科技力量创新资源，包括重大科研设施和数据资源主动面向社会创新力量开放，开展科技项目专项计划，提高社会创新力量的创新能力。借鉴美国和德国社会创新力量策动的经验及做法，有助于我国建立社会创新力量广泛参与的协同攻关机制。

（一）重大科研设施开放机制

重大科研设施对于我国国家战略科技力量建设具有重大意义，提高社会创新力量对科研设施的利用率，有助于社会创新力量参与我国重大战略科技项目。2017 年，我国发布《国家重大科研基础设施和大型科研仪器开放共享管理办法》，建立重大科研基础设施和大型科研仪器国家网络管理平台。但仍存在高校和科研机构科研设施面向社会不完全开放、共享理念不深入等问题。[1]借鉴德国和美国科研设施共享办法，有助于完善我国的重大科研设施共享机制。

---

[1]　刘贺、胡颖、王冬梅：《国家大型科研仪器现状及其开放共享分析研究》，《科研管理》2019 年第 9 期。

1. 德国：建章立制，试点落实

欧盟和德国不同层面的统筹协调促进了德国科研设施的开放共享。欧盟搭建重大科研设施基本框架，德国试点落实，细化开放共享内容，如图4-7所示。

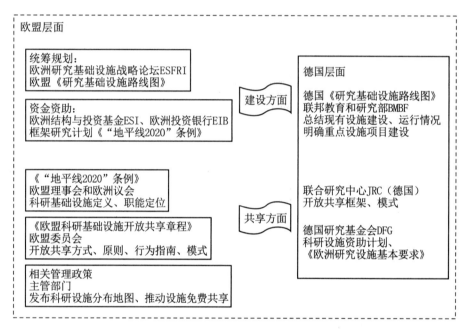

图 4-7　欧盟—德国重大科研设施开放共享框架

关于重大科研设施建设，一方面，欧盟发布《研究基础设施路线图》，统筹规划欧盟各成员国的重大科研设施建设，描述了科研基础设施的全生命周期，强化产业经济相关科研设施的设施服务，促进与企业的长期合作；另一方面，欧洲结构与投资基金、欧洲投资银行通过框架研究计划——《"地平线2020"条例》为科研设施建设提供资金支持。在重大科研设施共享方面，欧盟发布《"地平线2020"条例》，阐述了"打造面向欧洲乃至其他地区的科研人员开放共享世界级科研基础设施"的职能定位。[1] 2016 年欧盟发布的《欧盟科研基础设施开放共享章程》构建了欧盟的科研基础设施共享框架。文件介绍了开放共享的基本形式、9 项基本原则、12 项行为指南、3 类共享模式：一是卓越共享模式（Excellence-driven Access）：通过同行评审评估科学价值；二是市场共享模式（Market-driven Access）：签订含有共享费用的用户协议；三是大众共享模式（Wide Access）：面向大众提供科研数据和数字化服务。[2] 此外，科研设施主管部门通过发布科研设施分布地图、免费共享等措施，推动设施的开放共享。

德国层面，德国联邦教育和研究部根据欧盟路线图，制定适合德国国情的研究基础设施路线图，详细介绍德国重大科研设施的建设、运行情况，明确重点设施项目方向。共享方面，在德国建立的欧盟联合研究中心基于两种共享模式开展试点：第一，关联共享模式（Relevance-driven Access）：适用于科学或经济相关的科研基础设施的开放共享，通过项目征集和同行评议，面向高校、科研机构和中小企业。科研设施单位收取一定费用，费用支付方式灵活，具有一定的公益性；第二，市场共享模式（Market-driven Access）：主要针对企业，支付运行费用进行共享。[3] 此外，德国科学基金会通过制定科

---

［1］ 贾无志：《欧盟科研基础设施开放共享立法及实践》，《全球科技经济瞭望》2018 年第 5 期。

［2］ European Commission. 2022: "European charter of access for research infrastructures Principles and guidelines for access and related services", https://op.europa.eu/en/publication-detail/-/publication/78e87306-48bc-11e6-9c64-01aa75ed71a1/language-en/format-PDF/source-276124020，访问日期：2022 年 11 月 27 日。

［3］ European Commission. 2022: "European charter of access for research infrastructures Principles and guidelines for access and related services", https://op.europa.eu/en/publication-detail/-/publication/78e87306-48bc-11e6-9c64-01aa75ed71a1/language-en/format-PDF/source-276124020，访问日期：2022 年 11 月 27 日。

研设施资助计划和发布《欧洲研究设施基本要求》，明确设施建设管理要求和对外开放模式。[1]

2. 美国：分类共享的"用户设施"

美国开放共享的重大科研基础设施一般称为"用户设施"（User Facility）。1989 年，美国国家竞争力技术转移法案提出，将技术转移作为国家实验室的本职任务，将用户设施作为主要的技术转移平台。以美国能源部科学办公室（Office of Science，SC）管理的用户设施为例，SC 专门设立用户设施委员会、用户工作组负责用户设施的管理工作。用户设施的审批和共享流程如图 4-8 所示。

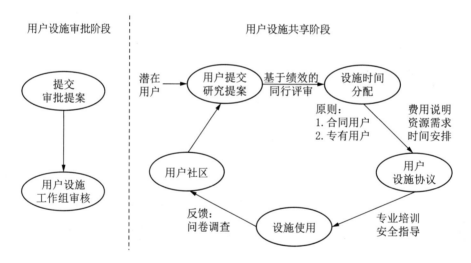

图 4-8　美国用户设施审批和共享流程

用户设施审批阶段：SC 提交某科研设施成为用户设施的提案，内容包括：成为用户设施的原因和必要性、潜在用户的选择流程和标准、收费标准和设施的科研能力；由用户设施工作组进行审核，审核

---

［1］　刘泇颖、董诚、韩旭：《国外科研基础设施开放共享机制探索》，《科学管理研究》2021年第 1 期。

通过就作为用户设施向全世界用户开放。[1]

用户设施共享阶段：用户提交独立或合作研究提案，SC 定期监督，咨询委员会通过基于绩效的同行评审为提案分配设施时间。用户设施的共享原则基于两点：一是用户类型，分为普通用户和合同用户。普通用户申请需要经过同行评审，根据用户需要分配使用时间，此类用户需要支付基本的设施运行费用，为用户设施带来额外的科研项目和经费；合同用户本身有合同时间，还可以基于个案具体协商，能稳定获得一定比例的使用时间。[2]另一点是研究结果公开性。由于国家实验室在经济和基础研究领域与社会创新力量合作需求增强，美国能源部制定了两种特殊协议，即公有协议和私有协议。公有协议用户公开研究结果，可以提高项目的优先级，根据协议基本不收取费用，使用时间延长，有助于实验室开展公益性科研创新；私有协议用户有偿使用用户设施，使用时间受到协议严格限制。最后，咨询委员会签订用户设施协议，内容包括：协议类型、收费标准、实验过程中人员及数据等科技资源需求和具体时间安排；通过专业的设施使用培训，在专业人员指导下安全地进行研究工作。建立用户社区作为用户交流合作平台，研究结束后进行问卷调查，用户满意度作为用户设施共享绩效评价指标。

美国通过《联邦采购条例》规定科研设施共享原则：避免设施造成的不公平性、合同履行必须最大程度利用科研设施、保证科研设施

［1］刘泖颖、董诚、韩旭：《国外科研基础设施开放共享机制探索》,《科学管理研究》2021年第1期。
［2］蒋玉宏、王俊明、徐鹏辉：《美国部分国家实验室大型科研基础设施运行管理模式及启示》,《全球科技经济瞭望》2015年第6期。

的开放利用；德国同样成立协调委员会，制定申请评估准则、收费标准，协调设施开放共享。美国和德国从政策制定的宏观管理层面出发，结合共享服务和用户评价，打造了三层共享开放体系。[1]

（二）重项目合作参与机制

有学者在企业参与国家项目意愿度调研中发现，部分企业不愿意的原因有：参与手续繁杂、知识产权不明确、技术资格不达标等。[2] 美国、德国和欧盟的 SBIR/STTR 计划、Eurostars 计划、KMU-innovativ 计划对于我国社会创新力量如何参与国家项目具有启示价值。

1. 美国的 SBIR/STTR 计划

美国中小企业管理局推出 SBIR/STTR 计划（小型企业创新研究计划 Small Business Innovation Research 与小企业技术转让计划 Small Business Technology Transfer Program），支持美国中小企业参与联邦项目，促进科技成果市场化。SBIR 计划要求预算超 1 亿美元的联邦机构每年将研发预算的 3.2% 用于中小企业创新，目前有 11 个联邦机构参与计划；STTR 计划作为补充，要求机构再将 0.45% 的研发预算用于促进企业和科研机构技术转让。多阶段资助流程和完善的服务措施是 SBIR 计划的主要特点，不同机构对于各阶段的资助标准也不同，以 NASA 为例，其资助流程如图 4-9 所示。

---

[1] 马宁、刘召：《大型科研仪器共享体系研究》，《科技管理研究》2017 年第 18 期。

[2] 窦文章、赵玲玲、陈梦：《能提高企业研发绩效和创新成果的战略和机制——基于中美两国的经验》，《服务科学和管理》2020 年第 5 期。

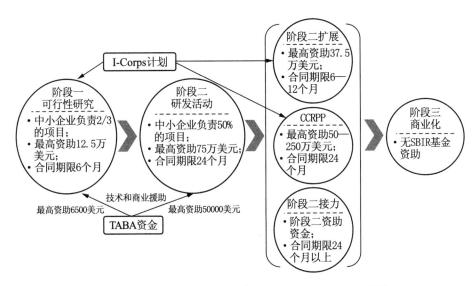

图 4-9　SBIR 计划多阶段资助流程—以 NASA 为例

来源：NASA 官网。

　　SBIR 计划主要分为三个阶段，从第一阶段项目的商业价值、可行性到第二阶段研发活动，设置资助金额和完成期限，建立合理的资助机制；根据上阶段成果大约 40% 的项目可以申请下阶段的资助，在第三阶段选择商业化或者继续参与计划。第一、二阶段可以申请技术和商业援助（TABA）资金；第二阶段结束，项目人可选择申请参与 NASA 其他项目、参与民用商业化准备试点计划 (CCRPP) 或者继续该项目的深入研究；CCRPP 计划是根据美国对中小企业援助要求推出的商业化试点计划，旨在通过 SBIR/STTR 计划加速项目成果商业化；I-Corps 计划帮助中小企业在第一、二阶段了解市场需求，规划未来方向，促进技术成果市场化。

2. 欧盟的 Eurostars 计划

　　Eurostars 计划支持欧洲中小企业的跨境项目合作，目的是加强欧洲内部市场和解决跨国挑战。该计划根据"自下而上原则"，项目内容由参与方自行决定；资助资金仅提供给中小企业，资金由各成员国国际基金提供，欧盟补充。德国为中小企业提供高达50%的项目资金，项目的最高资助金额为50万欧元。Eurostars计划的主要特点是集中、快速的审批评估流程和项目完成后的市场保障。中小企业、高校和研究机构根据项目目标、持续时间、任务分配、预算等内容，合作提交项目申请，进入评估阶段，如图4-10所示。

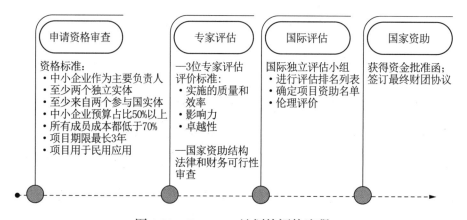

图 4-10　Eurostars 计划的评估流程

　　根据资格标准进行审查，确定申请资格；3位专家进行独立评估，评估标准包括：实施的质量和效率、影响力和卓越性，按照评分降序排列，汇总设立项目门槛；国家资助机构进行法律和财务可行性检查，确定申请人的财政能力和公共资助资格；如果没有公共资助资格，可以通过自筹资金参与项目；国际评估中，独立评估小组进行项目综合评估排名，确定资助的优秀项目、合格项目和没有资助资格的项目，其次是进行伦理评价。

　　Eurostars计划支持项目从研发到原型开发，在项目完成后2年内进行市场投放；要求企业完成后连续 3 年提交市场影响报告，提供专业指导。前期快速、集中的评估流程和后期市场保障有助于中小企业快速进入市场，从而提高参与项目的积极性。目前，Eurostars 计划中有 29% 项目获得资助，资金规模约为 17.5 亿欧元，帮助 45% 的参与者进入新市场。

3. 德国的 KMU-innovativ 计划

该计划支持体现德国国家战略需求的 10 个领域，针对不同领域建立资助体系；主要特点是建立申请咨询机构，降低企业参与门槛和两阶段的评估过程。德国政府为促进 KMU-innovativ 计划的参与度，一是建立申请咨询机构，提供项目和资助的相关咨询服务，如分配适合项目、推荐合作研究人员、安排项目联系人；二是降低中小企业准入门槛，一般要求企业的自有资金规模不低于项目成本的 50%，该计划降低了中小企业的自有资金规模，同时简化信用检查，帮助初创期的中小企业参与计划。

KMU-innovativ 计划评估分为两阶段：项目申请阶段和资助申请阶段。项目申请阶段，参与者提供项目大纲，大纲评估集中在两个特定时间：4 月 15 日和 10 月 15 日；资助申请阶段，结合研究资助指南完成申请。两阶段评估流程的约束期限都在两个月内。目前，KMU-innovativ 计划已批准资金总额超 17.77 亿欧元，用于 2400 多个项目，涉及约 3990 家中小型企业，资助规模约是德国联邦教育和研究部资助中小企业的 25%。

Eurostars 计划和 KMU-innovativ 计划主要依托具有项目管理能力的专业项目管理机构，进行项目的组织管理，项目管理机构大多是在研究机构或社会化单位，如德国宇航中心项目管理署。项目管理机构在计划实施过程发挥重要作用，联邦各部门的项目资助活动通常由管理机构负责，包括计划构思、申请咨询、项目招标评估、项目资金分配和项目监督。

（三）数据开放共享机制

建制性科技力量的数据资源具有规模大、可靠程度高等特点。2018 年，我国政府发布《科学数据管理办法》，提出要推进科学数据资源的开放共享。建制性科技力量的数据资源优势应该向社会创新力量倾斜，促进社会创新力量参与国家战略科技力量建设。美国、欧盟和德国的数据开放共享有以下特征。

一是政策引导。《美国数据开放行动计划》强调实现数据开放的持续性、一站式资源的便利性、已开放的数据和开源软件的整合性，支持社会大众能够利用数据实现更高价值；美国科学与技术政策办公室提出，联邦资金全部资助或部分资助的科研项目得到的非保密的科学研究数据，应免费向社会开放；美国各高校联合建立数据责任人制度，提升科研人员数据共享可行性感知。[1]美国国立卫生研究院在 2003 年预计，将在 2023 年实行"数据管理和共享"计划，公开研究数据。2020 年欧盟发布《欧洲数据战略》，旨在打造一个安全互通的数据空间；在此框架下，2022 年欧盟制定或拟制定《数据治理法案》《数据服务法案》《数据市场法案》，具体作用如图4-11 所示：

---

[1] 陈晓勤：《科研数据共享困境与提升路径研究》，《科学管理研究》2019 年第 4 期。

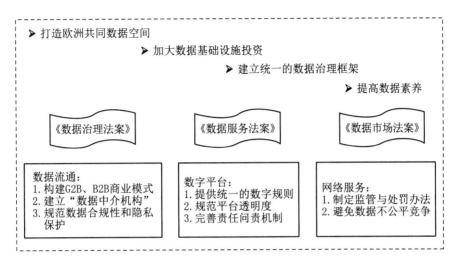

图 4-11　《欧洲数据战略》框架

德国四大学会联合其他机构成立德国科学组织联盟，发布"数字信息"优先倡议，协调统一研究和教育数据，创建德国研究数据的流通框架，解决开放获取和高精确度的研究数据跨领域问题。

二是搭建数据开放共享平台，规范数据标准，统一数据管理。欧盟通过《"地平线 2020"条例》资助建立欧洲公开科学云（the European Open Science Cloud，EOSC），促进建制性科技力量的数据兼容和开放性，推动成员国资源共享和开放联动。目前已形成五个主题开放云，分别对应环境、生命科学、天文、光子和中子、社会和人文科学领域。德国建立国家研究数据基础设施，制定跨学科数据标准化规则，提供可靠、可交互的数据管理，并根据不同需求提供个性化服务。德国国家研究数据基础设施通过 FAIR 数据空间联合项目，搭建科学和企业数据交换的道德和法律框架，制定共同的技术准则，促进科学数据资源向社会的开放流动。规范数据标准方面，美国联邦机构依照 FundRef 标识符进行合规性评估；EOSC 和德国通过 FAIR 原则管理数据，科学数据管理 FAIR 原则提供统一的数据规范，确保不同用户使用[1]。

第三节　建制性科技力量与社会创新力量的融合机制

一、创新国家实验室的体制机制

加快原始创新能力提升是上海国际科创中心"十四五"规划重点建设要求，国家实验室作为重要的创新主体，应当完善现有的体制机制，充分释放创新活力。

一是对上海目前的实验室和功能性平台等科研基础设施体系进行梳理和分析，借鉴 GOCO 模式，探索建立由社会创新力量参与运营的科研基础设施合同管理模式，依托大型科研仪器设备、数据资源、人才队伍等吸引中小企业参与，建立合作利益共享机制，改革相关的绩效考核机制，提高科研基础设施的创新效率。深化国家实验室的管理体制机制改革，打造权责分明的链式管理机制，在科研选题、人才引进与考核晋升、科技成果转化等方面赋予其更高的独立自主性，提升其主动参与科创活动的积极性。

二是培育专业的实验室管理机构。美国国家实验室 GOCO 模式

---

[1] Steuerungsgremium der Schwerpunktinitiative „Digitale Information" der Allianz der deutschen Wissenschaftsorganisationen: "Schwerpunktinitiative 'Digitale Information'. Den digitalen Wandel in der Wissenschaft gestalten." https://gfzpublic.gfz-potsdam.de/pubman/item/item_2829902，访问日期：2022 年 11 月 27 日。

有9家实验室由专业的实验室管理机构Battelle联合企业、高校成立独立法人单位进行管理。Battelle是独立的非营利科研机构，熟悉科研规律和管理特点，拥有丰富的实验室管理经验。上海人才优势明显，应当加快相关专业人才培养，建立专业科研管理与服务机构，提升管理绩效，帮助企业和其他社会用户快速访问和利用建制内的创新资源。

二、打造以社会创新力量为核心的创新集群

一是围绕地区主导产业的重点发展领域，加强创新集群策动，强化相关集群内主体间的联动协同，为社会创新力量的有效参与创造更多可能性；二是通过政策引导和相关机制保障，引导功能性服务机构的专业化和集聚化发展，增强集群吸引和服务社会创新力量的能力；三是引入竞争机制，我国粤港澳大湾区、京津冀城市群、长三角城市群都拥有不同规模的创新集群，建立中国式的竞赛机制，以竞争促进集群竞争力快速提升。

第四节　社会创新力量的策动机制

近年来，上海陆续出台《关于加快建设具有全球影响力的科技创新中心的意见》《关于进一步深化科技体制机制改革增强科技创新中心策源能力的意见》《上海市推进科技创新中心建设条例》等一系列推进上海科技创新发展的政策措施，其中很多涉及高新技术企业培育

和发展。围绕如何更好发挥上海社会创新力量在国家战略科技力量建设的作用，在科研设施共享、重大项目参与和数据资源共享方面提出以下建议。

一、完善重大科研设施共享机制

一是制定科研设施发展路线图，统筹规划我国重大科研设施建设和发展。针对各地区科研设施分布不合理问题，成立专家小组，结合地区情况升级现有设施，科学布局新设施。搭建重大科研设施共享平台，建立健全重大科研设施的共享章程；上海科研设施资源丰富，但是中小企业对其了解并不充分。要充分调研建制性科技力量的人才、科研设施情况，建立科研设施开放共享的实施方案，规范共享流程，提高重大科研设施的使用效率。

二是完善科研设施的管理体制机制。成立科研设施管理小组，组织专家参与设施的决策管理；完善项目评估体系，规范设施分配、费用标准、使用培训和共享评价等流程，提高科研设施的运行服务水平。建立用户分类管理制度，对不同类型用户采取不同的设施使用分配政策，制订公开实验数据栏目，加强设施公益性共享；重视提升用户水平，培养高价值用户，对高价值用户给予更多使用时间，提高设施的使用效益。完善共享绩效考核体系，建立用户社区，注重用户反馈，根据共享考核结果，在经费支持、设施运行等方面建立严格的奖惩措施。

二、深化重大科研项目的合作参与机制

一是打造"国家战略＋产业引导"双驱动的中小企业创新专项计划，计划制定上要体现国家战略需求，同时尊重市场规律和企业需求；构建分阶段的资助体系，企业在生命周期不同阶段创新需求不同，需要根据企业特点制定合适、精细的资助计划。引导培育专业的项目管理机构，提高项目管理效益，加快项目流程，提高社会创新力量的参与积极性。

二是降低社会创新力量参与门槛，重视成果落地。对初创期中小企业降低项目资质和资金规模要求；建立专业咨询服务机构，为社会创新力量项目申请提供全方位咨询服务。保障技术成果市场化，提供商业化培训，帮助社会创新力量技术成果落地；注重项目成果评估，要求企业在项目完成后提交市场影响报告，由专业机构进行评估指导，保证项目成果的经济效益。

三、建立公开透明的数据资源共享开放机制

一是加快制定数据共享开放专项计划，推动数据共享平台建设。各部门在政策引领下协同制定数据共享计划，完善数据治理办法；引导建制性科技力量组建科学组织联盟，整合数据资源，搭建数据共享平台；利用大数据、区块链等新兴技术完善平台建设，保证数据的安全性、交互性。

二是统一数据规范。借鉴国际通用的数据规则，结合各地公共数据调研情况，加快相关数据标准的制订工作，制订统一的数据共享和

管理标准，确保数据诚信和安全。搭建数据共享平台、统一数据规范有利于数据资源共享和研究成果的社会监督，是推动社会创新力量参与国家战略科技力量建设的有效途径。

当前，上海国际科创中心建设正处于从形成基本框架体系向实现功能全面升级的新阶段，在坚持创新驱动发展战略的同时，应注重多种创新力量的布局和融合，加快建设面向科技前沿的国家战略科技力量。为此，必须深入贯彻党中央决策部署，推动上海建制性科技力量与社会创新力量融合，加快战略科技力量建设；强调建制性科技力量创新资源开放和共享，鼓励社会创新力量参与国家重大科技任务。本章总结了美国和德国在建制性科技力量和社会创新力量结合和社会创新力量策动方面的先进经验，对于上海科技创新发展具有参考价值。

第五章
浦东打造自主创新新高地的实现路径与评价指标体系

党的十八大以来，习近平总书记曾多次在不同场合发表关于自主创新的重要论述，强调科技创新的重要性，提出要走中国特色自主创新道路。在浦东开发开放 30 周年庆祝大会上，习近平总书记寄语浦东"全力做强创新引擎，打造自主创新新高地"。2021 年 7 月 15 日，《中共中央　国务院关于支持浦东新区高水平改革开放打造社会主义现代化建设引领区的意见》正式发布，赋予浦东新区改革开放新的重大历史任务。

近年来，浦东新区瞄准原始创新、集成创新、开放创新持续发力，不断推进科技体制机制改革，着力打造科创策源"一体两翼"服务格局，依托长三角国家技术创新中心等平台全力强化创新策源引擎，为激发浦东科技创新"核爆点"而蓄力。浦东打造自主创新新高地，既要审时度势，充分了解科技创新的外部环境压力和内部发展需求，将浦东使命融入到国家发展战略中去，更要明晰科技创新发展趋势，找到提升自主创新能力的关键突破口。一是见贤思齐，梳理全球典型创新高地普遍性特征，可掌握先行者之动态，明确未来努力之目标。二是有的放矢，探索浦东打造自主创新新高地的可行对策，总结催发创新之建议，提供体制改革之突破口。三是以往鉴来，分析浦东自主创新发展现状，可知晓昨日之成就，可明晰今日之困局。四是继往开来，提出浦东打造自主创新新高地的对策建议。基于上述研究思路，本章根据基础研究、科技成果转化和产业规模化三个阶段的划分逻辑，进一步构建自主创新新高地评价的显示性指标与解释性指标体系，提供自主创新新高地的量化参考。

第一节　见贤思齐：全球创新高地的普遍特征

对于浦东科技创新发展而言，要打造成为自主创新新高地，首先要知道：究竟要达到怎样的水平才算是"高地"？经过梳理归纳，总结出全球典型创新高地普遍表现出经济实力强劲、大学教育体制创新、科研组织建制化发展、物质技术基础雄厚、科技创新制度完善、创新驱动发展的核心战略明确及制度文化环境开放包容等特征。

一、经济实力强劲

经济为科技创新提供物质基础，长期持续的高水平创新投入是推动创新活动高质量发展的基本保障。典型创新高地对科技创新的经济支撑主要体现在两方面。

一是高强度的 R&D 经费投入。根据 OECD 统计数据，从整体来看，美国、日本、德国的科研经费投入长期稳定在较高水平，2022 年 R&D 经费占 GDP 的比重已增长到 3% 以上，我国同期为 2.55%。韩国作为典型的政府主导创新发展的国家，在经济高速增长期对研究开发不断发力，早在 2019 年就达到了 4.64%，是美、日、德的 1.5 倍，是中国的 2.08 倍。从湾区层面来看，东京湾区对科技发展的投入维持稳定在 1 万亿日元左右，研发经费占 GDP 的比例保持在 3% 以上，[1] 旧金山湾区的研发投入占比甚至达到了 6.10% 的高水平[2]。

二是科技金融的有力支持。国际创新高地的金融体系一般都比较成熟完善，可以向区域科技创新体系注入大量资金，形成以科技产业、风险投资和资本市场相互联动的金融科技创新创业市场。目前，加州甚至全美最主要的风险投资都集中到了旧金山，2021 年湾区的风险投资额占美国的 36% 左右。

尽管英国在研发费用投入方面未显优势，但伦敦多层次的资本市场为企业创新提供大量发展机会。如政府设立创业投资基金，引导社会资本投入科技型企业；推出企业融资担保计划，为科技型中小企业进行融资担保；拓宽商业天使联合投资基金、企业资本基金等。

---

[1]　周淦澜：《粤港澳大湾区科技创新能力研究——国际大湾区比较的视角》，《科学技术创新》2019 年第 34 期。

[2]　谭慧芳、谢来风：《粤港澳大湾区：国际科创中心的建设》，《开放导报》2019 年第 2 期。

二、大学教育体制创新

高校集聚优渥的人才、技术、设施等创新资源，承担与国家重大战略需求密切相关且需要长期大量投入的科研项目，是各国开展科研活动的核心力量。全球创新领先国家均有多所大学跻身 2021 年泰晤士高等教育世界大学排名百强，如图 5-1 所示。其中美国以 37 所世界一流大学遥遥领先，英国以 11 所次之。全球创新高地同时也是人才高地，以其区域内的世界一流高校为科研活动提供有力依托。伦敦拥有 2021 年 QS 前 500 高校 10 所，纽约则拥有哈佛、波士顿、麻省理工等知名高校。

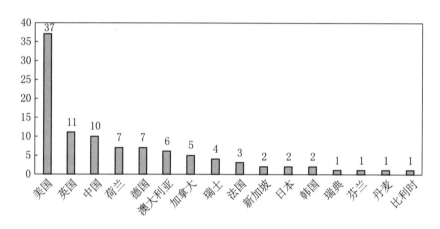

图 5-1　2021 年各国泰晤士高等教育世界百强大学拥有数量

注：中国的 10 所高校包括内地 6 所，香港 3 所，台湾 1 所。

各创新高地通过高等教育发展强化科技成果的源头供给，促进科技成果向现实生产力的转化。一方面，大学创新人才培养模式不断完善，为国家创新体系提供丰富的人才资源。美国旧金山湾区除斯坦福大学、加州大学等传统名校，还创立了一些新型精英教育大学，如密涅瓦大学通过主动式学习网络平台的开放、"基石课程"的创新设置和"城市即课室"的沉浸式学习模式，突破传统教学的框架和时空限制，培养具有全球视野的创新创业人才。另一方面，产学研协同合作成为大学新的主流发展模式。各创新高地的大学从"追求普遍学问，促进知识增长"的传统大学模式向"注重运用知识创新成果服务社会和学校、热衷吸引外部资金开办自身产业领域"的创新型大学转变。[1]

此外，为了更直接地推进产教融合，促进关键产业发展，一些区域特别设立"小而精"的新型产业导向大学作为传统高校的补充。这类大学旨在为当地发展势头迅猛、专业人才需求迫切的国家战略性、基础性、先导性产业，以技能而非学术为本，培养创新实践能力强的产业人才。2020 年揭牌的南京集成电路大学就是一所面向集成电路产业，联合企业、高校、科研机构共同成立的产业大学，助力打造千亿级集成电路产业。

三、科研组织建制化发展

科研组织建制化有两个层次的含义：从狭义角度看是专业化、职业化科学家和其他科研人员集聚并形成有组织、有秩序的科研机构；从广义角度看，科研组织建制化的范围不仅包括科研机构，还包括政府、企业、高校等主体。这些主体之间形成分工明确、协同合作的科学组织体系的过程就是科研组织建制化的过程。科学组织建制化有利

---

[1] 王凤玉、寇文淑：《研究型大学科技创新能力提升的政策变量——以美国科技政策为中心的考察》，《湖南师范大学教育科学学报》2019 年第 2 期。

于集聚科技力量，实现资源利用最大化，促进科研成果快速转化为生产力，最终产生全球产业引领效应。

国立科研机构的成立和发展是科研组织建制化的体现。国立科研机构由国家建立并资助，围绕国家战略需求有组织、规模化地开展跨学科、跨领域的交叉融合性科研活动，是国家创新体系的重要组成部分。[1] 全球主要创新高地普遍集聚了大批国立科研机构，譬如旧金山湾区的劳伦斯·伯克利、劳伦斯·利弗摩尔、桑迪亚国家实验室，美国国家加速器实验室等。这些机构在基础研究和应用研究方面与当地大学合作，在技术和成果商业化方面与当地企业合作，成为湾区创新创业的重要推动力量。

国立科研机构的建制化发展与科技发展相适应，随着学科交叉汇聚和科技活动分散化趋势的不断加剧，各国科研机构职能从科研承担者向科研组织者拓展。为了满足新兴领域创新人才的需求，科研机构还与大学合作探索未来科技人才培养的新渠道。美、德、法、日等国的国立科研机构以项目资助、合作研究等联合培养的方式开展研究生教育，为其自身发展储备高素质人才资源。旧金山湾区的劳伦斯·伯克利实验室自建立以来，先后培养出 9 位诺贝尔物理学奖和化学奖得主，成为美国乃至全球核物理学、化学等基础科学研究的聚集地。[2] 此外，一些国立科研机构着眼于发挥创新系统内的资源整合优势，向区域创新平台的角色转变。纽约的集成光子制造业创新研究所，整合

[1] 温珂、蔡长塔、潘韬、吕佳龄：《国立科研机构的建制化演进及发展趋势》，《中国科学院院刊》2019 年第 1 期。

[2] 温锋华、张常明：《粤港澳大湾区与美国旧金山湾区创新生态比较研究》，《城市观察》2020 年第 2 期。

美国政府、产业和科研领域的相关力量，促进大学和中小企业参与集成光子研发和技术变革，改变美国集成光子技术能力分散的局面，推动产业创新生态系统的形成。

四、物质技术基础雄厚

从技术来源看，实现技术发展的基本途径分为内生性技术进步和外源性技术进步两种方式。前者是指通过国内技术积累和自主创新提高技术水平，后者是指通过技术进口等方式引进国外技术后，通过消化吸收和再创新提高技术水平。创新型国家拥有雄厚的物质技术基础，对国外资源和技术引进的依赖程度较低，对外技术依存度指标普遍在 30% 以下。

世界级企业能洞悉行业走向，对尖端技术研发和运用的敏感度高，作为技术成果商业化的领导者，在打造全球创新高地的过程中发挥引领作用。在 2022 年《财富》500 强的榜单中，四大世界级湾区表现卓越。其中，东京湾区有 36 家，纽约湾区以 35 家紧随其后，粤港澳大湾区 24 家排行第三，旧金山湾区以 17 家位列第四。这些公司具有行业多样性，以技术和金融公司较为集中。按市值计算，旧金山湾区在《财富》500 强企业中的份额大多分布在高科技行业，而纽约56% 的份额分布在金融业。丰富的物质和资本积累、先进的技术汇集必然会带动创新型经济的发展，使得该区域的高新技术和关键产业领域位于全国乃至全球领先地位。

五、科技创新制度完善

创新驱动发展道路的选择与一个国家的制度环境密切相关。良好的制度环境有利于高效率地配置创新资源，有利于形成激励创新的社会氛围，有利于创新成果快速而广泛地实现应用。实践证明，发达国家之所以能够率先实现经济起飞和持续增长，不仅是由于这些国家拥有较高的科技水平，更重要的是因为这些国家率先创造了鼓励创新和创新应用的制度环境。纵览这些国家创新驱动发展演进历程可以发现一个共同特征：这些国家以系统的、动态演化的观点将制度、文化、创新组织等要素结合起来，逐步建立起国家学习、创新环境和经济增长之间的有机联系，为创新驱动发展构建起完善的法律制度和政策框架，形成了良好的创新环境。

美国是目前世界上对创新实施立法保护最完善的国家之一。为鼓励和规范企业的自主创新活动，美国政府通过《史蒂文森—韦德勒技术创新法》（1980），以鼓励科技信息传播；颁布《大学和小企业专利程序修正案》（1980），掀起国家专利战略的革命；制定《小企业创新发展法》（1982），鼓励中小企业提高技术水平、加大创新力度、推进技术创新成果的转化；通过《国内税法》（1982），鼓励企业从事研究开发活动；颁布《国家竞争技术转让法》（1989），强化合作协议中对信息和发明的保护；通过《网络及信息技术研究法》（2000），将部分鼓励科技创新的退税待遇的适用期限永久延长。另外，美国还制定了《国家竞争技术转让法》《联邦技术转移法》《综合贸易与竞争力法》《知识产权法》《商标法》《反垄断法》等促进科技创新的法律法规，形成了相对独立和健全的法律法规支撑体系。

　　德国政府高度重视法律法规对科技创新的引领作用。1996 年 7 月，德国通过《德国科研重组指导方针》，明确了德国科研改革的方向。1996 年颁布《循环经济与垃圾法》，旨在将垃圾的产生、利用和清理纳入经济轨道。1998 年德国政府颁布《INFO2000：通往信息社会的德国之路》，并将其作为联邦政府迎接信息社会挑战的行动纲领，也是德国政府关于信息社会的白皮书，白皮书的颁布促进了德国信息产业的发展。2002 年 2 月，联邦议院通过联邦政府提交的《高校框架法第 5 修正法》草案，为在大学建立年轻教授制度提供联邦法律依据。2004 年 11 月，联邦政府与各州政府签订《研究与创新协议》，规定大型研究协会（马普学会、亥姆霍兹联合会、弗朗霍夫协会、莱布尼兹科学联合会）的研究经费每年保持至少 3% 的增幅。2006 年，联邦教研部制定《科技人员定期聘任合同法》，规定将公立科研机构研究人员的定期聘任合同最长期限放宽至 12 年或 15 年，以留住青年科技人才。2012 年 10 月，联邦议院通过《科学自由法》，这是一部"关于非大学研究机构财政预算框架灵活性的法律"。

　　日本于 1995 年 11 月颁布第 130 号法律，即《科学技术基本法》，制定该法的目的是，通过制定振兴科学技术有关政策措施的基本事项，综合地、有计划地推动振兴科学技术的相关政策措施，从而提高日本的科学技术水平，为日本经济社会的发展和国民福祉的提升、世界科学技术进步及人类社会可持续发展作出贡献。《科学技术基本法》规定，为了综合地、有计划地推动振兴科学技术的相关政策措施，政府应当制定有关科学技术振兴的基本计划（以下简称"科学技术基本计划",每 5 年一个计划)。

六、创新驱动发展的核心战略明确

创新驱动发展,只有上升到国家战略层面,形成国家意志,才能真正使创新引领经济起飞,提升国际竞争力。创新驱动发展是一个系统推进的过程,政府在国家创新驱动发展历程中,必须审时度势、高瞻远瞩,正确选择重点产业领域,前瞻布局战新产业新赛道,选择与经济发展阶段相适应的创新战略。

目前,世界主要创新高地都把科技创新作为国家经济发展的核心战略。创新始终是美国的灵魂。美国在第二次世界大战之后,逐步形成了以企业、大学、科研机构为主体的国家创新体系,成为世界科技强国,其具有创新性的研发和以技术创新为先导的产业发展对经济的带动起到至关重要的作用。为确保在高技术领域的领先地位,德国近年来积极实施主动创新战略,推动以制造业为核心的高技术产业发展,制定了递进式的国家创新发展战略,使得德国经济一直以来在欧洲一枝独秀,位居世界前列。创新是日本国家经济社会发展的核心战略,长期以来日本一直坚持走引进消化欧美技术为主的模仿型"技术立国"之路,20 世纪 90 年代中期以后,开始向注重基础研究和独创性自主技术开发的"科学技术创新立国"的战略转变。

经过努力,这些国家呈现出创新投入高、科技进步贡献率高、自主创新能力强、创新产出高等特点。具体指标表现为:科学技术对经济的贡献率在 70% 以上;R&D 投入占 GDP 的比重达到 2%;对外技术依存度在 30% 以下。其实这些国家能够真正实现创新驱动发展，不仅仅依赖于科技创新，还离不开国家制度、组织和文化的创新。因此，实现创新驱动发展，应该将科技创新作为国家经济社会发展的核心驱动力，同时通过制度和组织创新，不断将国民经济推向创新驱动的轨道。

七、制度文化环境开放包容

在制度环境方面，世界主要创新高地通过制定和落实一系列鼓励创新的税收优惠、人才吸引、技术奖励、知识产权保护等政策，消除新技术开发和成果转化过程中的制度障碍。另外，主要创新高地还通过多元包容的人才战略，着力吸引全球杰出的科学、技术及各种复合型人才，伦敦 2019 年国外专业、科学和技术从业人数占规模以上科学研究和技术服务业从业人员数的比例高达 66.61%，纽约为 44.46%。

在文化环境方面，世界主要创新高地对多元文化高度包容，旧金山湾区历来是各种思潮的大本营和艺术家的聚集地，东京打造"安全、多元、智慧城市"为各类人群创造舒适环境，伦敦以其完整的"创意"产业链引领艺术文化创意潮流。这些地区开放包容的文化氛围和创新基因，给创新主体带来观念意识和行为准则上的无形引导，为创新发展注入蓬勃生命力。总的来说，全球典型创新高地允许冒险试错、鼓励创新的制度文化环境，与其优质雄厚的物质技术基础、开放自由的市场环境等共同构成区域创新生态，为科技创新活动提供沃土。

第二节 有的放矢：自主创新新高地的解释性指标与显示性指标

为了能够直观地量化自主创新新高地的建设成效，在上述研究的基础上，提出自主创新新高地的解释性指标与显示性指标的评价体系。其中，显示性指标用来表征结果，刻画打造自主创新新高地的结果状态；解释性指标用来表征过程，解释打造自主创新新高地水平高低的原因，量化说明浦东科技创新体系的完备程度。

一、自主创新发展的三个阶段

在打造自主创新新高地的过程中，需要攻克的难题主要集中在基础研究、成果转化应用和产业规模化发展三个方面，对应着自主创新发展的三个阶段，一是从基础研究到原创性成果涌现的阶段，二是从高价值发明专利到创新型企业涌现的阶段，三是从企业汇聚到世界级创新产业集群形成的阶段。此外，浦东肩负着建设成为"国际科技创新中心核心区"和"社会主义现代化建设引领区"的重要使命，因此浦东的自主创新发展，必须超越浦东、立足上海、依托长三角、放眼全球。自主创新发展的三个阶段分别对应不同的显示性指标和解释性指标。对标国际和国内一流水平，浦东在某些方面的指标表现不佳，甚至相差甚远，这正是浦东下一步应重点关注、着力补齐"短板"的地方。

第一阶段，穿越科研的"冰川冻土"。在显示性指标方面，宋潇、范旭、刘作仪等[1][2][3]论述了基础研究成果如何评价和量化，并提出在论文、专利、著作和发布标准等方面的具体指标。在解释性指标方面，美国在 2006 年推出的"美国竞争力计划"中提出"在基础研究方面领先世界、在人才和创造力方面领先世界"两大目标。[4]在吸纳人力资源的同时，重大科技基础设施也是推动基础研究的必备底座支撑，[5]对我国的科技和其他各项事业的发展将会起到强有力的支撑作用。目前世界主要创新高地形成的重要原因之一，就是对基础研究的重视程度，尤其是基础研究经费投入占 R&D 的比重持续处于较高水平。

第二阶段，跨过企业的"死亡之谷"。在显示性指标方面，企业能否实现科技成果转化，是其创新能力输出的重要体现。其中，实现创新的企业数量可以用来体现区域小微企业首次完成技术转化走向市场的情况、技术合同交易额可以用来体现技术转化进程的深入程度、新产品销售收入可以用来体现最新成果的产出能力、重要节点企业数量可以用来体现区域内企业对产业链的影响力等。在解释性指标方面，众创空间和孵化器是支持中小微企业发展的关键载体，是我国实施"大众创业、万众创新"战略的重要阵地。此外，

---

[1] 宋潇、钟易霖、张龙鹏：《推动基础研究发展的地方政策研究：基于路径—工具—评价框架的 PMC 分析》，《科学学与科学技术管理》2021 年第 12 期。

[2] 范旭、黄业展、林燕：《广东省基础研究水平的评价研究——基于 2009—2014 年的统计数据》，《科技管理研究》2017 年第 10 期。

[3] 刘作仪：《基础研究评价若干问题的认识》，《科学学研究》2003 年第 4 期。

[4] 罗晖、程如烟：《加大基础研究和人才投资　提高长远竞争力——〈美国竞争力计划〉介绍》，《中国软科学》2006 年第 3 期。

[5] 王贻芳、白云翔：《发展国家重大科技基础设施　引领国际科技创新》，《管理世界》2020 年第 5 期。

企业引进、消化、吸收再创新的能力也是衡量科技创新转化的关键指标之一。

第三阶段，渡过产业的"达尔文海"。在显示性指标方面，形成具有影响力的创新产业集群是产业化的重要标志，独角兽企业孵化、国际标准制定的数量都可以作为集群产出的衡量指标。在解释性指标方面，科技创新资源供给、营商环境和高技术研发能力都是促进产业化发展的重要支撑，具体可以通过专业机构评定的营商环境指数、高技术研发的机构数量和经费投入等指标来量化表征。

二、自主创新新高地的显示性指标与解释性指标体系

结合上述分析，本节构建了浦东打造自主创新新高地的显示性指标与解释性指标体系，如表5-1所示。

表5-1　自主创新新高地的显示性指标与解释性指标

结果变量（显示性指标）	自主创新阶段	二级指标	三级指标（解释性指标）
发表科技论文数量（篇）	A 科研的冰川冻土	A1 人力资源	A11 R&D 人员全时当量（人）
QS 前 500 高校数量（个）			A12 基础研究人员数量（人）
发明专利授权数量（件）		A2 物质基础	A21 大科学设施数量（个）
承担科研课题数量（项）			A22 科研机构数量（个）
出版科技著作（种）		A3 资金支持	A31 R&D 经费投入（万元）
形成国家或行业标准（项）			A32 基础研究经费占 R&D 经费投入比重（%）

（续表）

结果变量 （显示性指标）	自主创新 阶段	二级指标	三级指标 （解释性指标）
实现创新企业 数量（个）	B 企业的 死亡之谷	B1 原始创新	B11 开展创新企业数量（个）
			B12 企业 R&D 经费占主营业务收 入比重（%）
			B13 众创空间和孵化器数量（个）
技术合同交易 额（万元）		B2 集成创新	B21 科技合作项目数量（项）
			B22 风险投资情况（万元）
新产品销售收 入（万元）		B3 引进、消化、 吸收再创新	B31 技术引进经费支出（万元）
重要节点企业 数量（个）			B32 消化吸收经费支出（万元）
创新集群规模 （万元）	C 产业的 达尔文海	C1 科创资源	C11 产业 R&D 人员全时当量（人）
			C12 产业 R&D 经费投入（万元）
独角兽企业数 量（个）		C2 营商环境	C21 市场环境综合指数
			C22 政府服务综合指数
高技术产业增 加值（万元）		C3 高技术研发	C31 高技术产业研发机构（个）
制定国际标准 数量（项）			C32 高技术产业 R&D 经费（万元）

第三节　以往鉴来：浦东自主创新发展的现状与短板

　　为了更加清楚地理解浦东目前自主创新发展水平，基于现实情况寻找问题、判断趋势和规划路径，本节搜集浦东科技创新发展的相关资料，基于上述指标体系梳理了包括但不限于上述三个阶段的相关数据，从创新主体、创新资源、创新活动三个方面归纳总结浦东自主创新的发展现状，分析短板所在。

一、浦东自主创新的发展现状

在创新主体方面。一是企业主体，截至 2022 年 11 月，浦东五大产业的高新技术企业共计 5469 家；截至 2022 年末，浦东新区已有专精特新企业 854 家，占全市总数量的 17.3%；专精特新"小巨人"113 家，占全市的 22.7%；截至 2023 年 2 月底，浦东共有 3 家已上市独角兽企业、3 家未上市独角兽企业和 14 家具有独角兽潜力的企业；截至 2022 年 10 月，科创板开市以来上市公司数量已达 483 家，上海共 78 家，其中浦东新区就有 44 家；截至 2023 年 1 月，浦东跨国公司地区总部累计 419 家。二是高校院所，截至 2023 年 3 月，浦东新区高校包括：复旦大学张江校区、上海海事大学、上海中医药大学、上海科技大学、上海电力大学、上海电机学院、上海第二工业大学、上海金融学院、上海海洋大学等市属院校、中欧国际工商学院、上海杉达学院、上海建桥学院、上海大学巴士汽车学院等。三是研发机构，截至 2023 年 1 月，大企业开放创新中心已授牌 65 家、赋能企业超 2300 家；截至 2021 年 7 月，浦东累计认定外资研发中心有 249 家，各级经认定的企业研发机构有 717 家；截至 2023 年 2 月底，浦东新区累计认定外资研发中心达到 254 家，占全市近一半，其中全球研发中心 7 家，占全市近六成，形成了较为明显的集聚效应。

在创新资源方面。截至 2022 年末，浦东人才总量 170 余万人，引进国际学校 13 所，持有外国人永久居留身份证者 2000 余人；截至 2023 年 1 月，浦东每万人高价值发明专利拥有量达 52 件；截至 2022 年末，大科学设施已建 6 个、在建 8 个，共 14 个；上海光源二期光束线站基本建成，软 X 射线自由电子激光用户装置实现开放，硬 X 射线自由电子激光装置，加快推进设备进场安装及光速线站贯通；上海光源、国家蛋白质科学研究（上海）设施、上海超级计算中心等一批已建成大科学设施的服务效能不断提升；新一批"十四五"国家重大科技基础设施规划项目和储备项目稳步推进；截至 2023 年 1 月，浦东拥有 300 多家公共服务平台，其中科技公共服务平台 36 家；截至 2022 年 1 月，浦东拥有孵化器和众创空间 175 家，全社会研发投入 560 亿元；2022 年，上海市通信管理局发布《新型数据中心"算力浦江"行动计划（2022—2024 年）》，对上海市算力基础设施进行一体化规划布局；截至 2022 年 12 月，浦东拥有上海数据交易所、金融数据港等数据要素枢纽型平台，以及浦东软件园、张江在线、"张江数链"等一批数据要素产业集聚载体。特别是上海数据交易所落户浦东以来，已率先设立全国首个数字资产板块，挂牌数据产品数量超过 200 个，签约数超 100 家；2022 年 9 月 23 日，浦东已成功创建 16 家市级和 12 家区级特色产业园区，成长为带动区域产业结构优化和经济动能转换的"领头雁"；截至 2023 年 1 月，浦东持牌类金融机构累计 1170 家，陆家嘴集聚外资资管公司 120 家；截至 2023 年 1 月，长三角资本市场服务基地覆盖长三角城市 35 座、服务企业 5000 余家。

在创新活动方面。一是大科学计划，截至 2023 年 3 月，共发起或参与 2 个国际大科学计划；2021 年 12 月，复旦大学领衔的中国科学家团队依托坐落于张江的跨尺度、多维度人类表型组精密测量平台，初步绘制完成全球首张人类表型组参比导航图，有序推进人类表型组计划；2020 年 9 月，脑图谱大科学计划正式启动，张江实验室脑智研究院与众多高校、研究机构组建了基础脑科学研究、重大脑疾病诊治、类脑计算与脑机智能器件研发领域的攻关团队。二是大科学工程，上海参与平方公里阵列射电望远镜（SKA）国际大科学工程；截至 2023 年 3 月，上海规划了当年 77 个科技产业类重大工程，有 35 个项目分布在浦东新区，其中已建成 5 个，在建 30 个。三是重大科技专项，截至 2023 年 1 月，张江科学城"五个一批"重点项目进展顺利，第二轮 82 个项目中 62 个已完工，第三轮 102 个项目全部开工；截至 2022 年 5 月，从国家科技重大专项官网的各专项进展栏目中可以找到 4 个由浦东承担的项目：卵巢癌治疗药物甲苯磺酸尼拉帕利胶囊、抗阿尔茨海默病新药 GV-971、"极大规模集成电路制造装备及成套工艺"、转移性结直肠癌治疗药物呋喹替尼胶囊；2022 年 7 月，"40-28 纳米集成电路制造用 300 毫米硅片"项目在临港地区启动。四是科技创新 2030，2022 年 12 月，"新一代人工智能"重大项目"标准化儿童患者模型关键技术与应用"启动，该项目是复旦大学承担的首批两个科技创新 2030——"新一代人工智能"重大项目之一，参与单位包括上海国际人类表型组研究院等。五是重要学术活动，截至 2022 年 11 月，世界顶尖科学家论坛已举办 5 届；截至 2022 年 8 月，浦江创新论坛已举办 15 届并将于 2023 年 4 月举办第 16 届；六是创新提升计划，浦东近年来全面实施了全球营运商计划（Global Operating Plan，简称 GOP）、大企业开放创新中心计划（Group Open Innovation，简称 GOI）、全球机构投资者集聚计划（Global Institution investor Cluster，简称 GIC）、产业数字化跃升计划（Growth by Industrial Digitalization，简称 GID）、全球消费品牌集聚计划（Global Consumer brand Cluster Plan，简称 GCC）、国际经济组织集聚计划（Global Economic Organization Cluster，简称 GOC），先行先试成效显著。

二、浦东自主创新发展的短板

1. 基础研究阶段

在显示性指标方面：一是顶尖高校数量极少，北京中关村拥有 QS 前 500 高校 6 所，美国北卡罗来纳州依托 3 所顶级大学形成著名的科研三角区。而浦东仅设有复旦大学分校区；二是专利申请表现不佳，根据《2022 年全球创新指数》，在 PCT 专利申请量方面，位列科技集群榜首的东京—横滨遥遥领先，高达 122526 件，而上海—苏州的 PCT 申请量仅为 22869 件，排名世界第 6 位，近 6 倍之差；三是发表论文数量相差甚远，根据《2022 年全球创新指数》，科学出版物（SCIE 论文）一项北京有 260937 篇，上海仅有 148203 篇，差距很大。

在解释性指标方面：一是人才吸引力与生活成本压力的矛盾关系，在 2022 年 8 月瑞士宝盛私人银行发布的《2022 年全球财富和高端生活报告》中，上海排名世界第一，同时也是全球生活成本最高的城市。人才扎根上海的生活压力不可忽视，因而人才吸引和生活压力形成矛盾对抗关系，如何优化人才生活环境至关重要。二是基础研究经费投入差距大，2022 年欧美发达国家在基础研究上的投入占比基本稳定在 12% 以上，美国约为 17.2%，法国则高达 25%。上海基础研究投入占全社会研发经费支出比例为 10% 左右，尽管相较于 2018 年的 7.8% 有了较大幅度提升，但是与世界先进水平相比仍旧相差较远。

2. 科技成果转化阶段

在显示性指标方面：一是专利授权的人均数量较低。2022 年深圳每万人专利授权数量多达 126 件，遥遥领先于全球其他创新高地，是上海的近 3 倍（上海为 40.9 件）；二是科技成果转化的效果不佳。2020 年浦东技术合同交易额仅有 766 亿，而中关村创造了 4296 亿元的交易额，是浦东地区 5 倍之多。

在解释性指标方面，市场经济条件下的企业创新发力不足，并且易受到成长环境的限制。根据北京大学光华管理学院发布的《2020 中国省份营商环境评价》显示，上海综合营商环境排名全国第二，但是在非国有经济比重（第 21 名）、大学及科研机构数量（第 22 名）、交通服务（第 24 名）、廉洁指数（第 27 名）和地价（第 30 名）等六项指标排名中均居于全国下游甚至垫底水平。

3. 产业规模化阶段

从显示性指标来看：一是产业规模与世界领先水平有较大差距。德国纽伦堡地区以 350 万的人口创造了 9000 亿元以上的产出规模，而尽管浦东拥有近纽伦堡 1.6 倍的人口，2021 年初生物医药产业规模仅有 800 亿元，纽伦堡是浦东的 11 倍以上。二是国际影响力明显不够。截至 2022 年 2 月，上海牵头制定修订国际标准 115 项，主导制定修订国家标准 4039 项。相较而言，中关村仅在 2016 年至 2018 年间，就制定了 962 项国际标准，浦东同期仅有 5 项产出，通过国际标准制定提升产业国际影响力和研究议题话语权的能力亟待提高。三是具有行业引领力的顶尖企业严重缺失。从世界知识产权组织（WIPO）2022 年发布的 PCT 专利产出 100 强企业的分布看，前十名中深圳有 2 家（华为、OPPO），北京有 1 家（京东方），而上海为 0 家。

从解释性指标来看：一是没有发挥好各类企业的资源禀赋优势。

浦东仅陆家嘴就有世界 500 强企业投资设立的机构超 340 家，此外包括外企、央企、国企和民企等各类总部机构逾 600 家，浦东在进一步激发这些机构创新潜力方面仍有很大的提升空间。二是市场环境表现不尽如人意。据《2020 中国省份营商环境评价》的数据显示，上海虽整体排名第二位，但是与总分第一的北京相较而言，在市场环境方面，北京得分 80.03，而上海此项得分虽居第三，但是仅有 53.90 分，远远落后于北京。

第四节 继往开来：浦东打造自主创新新高地的对策建议

新时代赋予浦东新的发展使命。浦东打造自主创新新高地，既要知道浦东处于什么水平，还需知道要达到什么状态，更应该明确现阶段需要调整的方向和努力的路径，在对现状和自主创新高地典型特征进行梳理和分析的基础上，提出以下关于浦东打造自主创新新高地的对策建议。

一、加强基础研究和科研机构建设，激活创新发展源头活水

进一步加大政府财政科技投入，提升基础研究投入占比。加强对高校、科研机构、企业等开展基础性、战略性、前瞻性科学研究的稳定支持，突出科技专项资金对基础研究的扶持和资助，优化财政科技

投入结构，针对科技创新的不同主体、不同阶段探索多元化财政科技投入方式，建立统筹联动的财政科技投入管理体系。通过加大政府科技资金对基础研究的投入力度，充分发挥财政资金的引导和杠杆作用，带动社会各界对基础研究的投入与布局，鼓励企业重视、参与基础研究，增强自身研发实力，进一步带动研发投入和科技创新。同时，关注财政科技资金的使用效益，完善科研经费管理机制，在赋予科研人员更多经费使用自主权的同时，建立健全财政科技资金绩效评价体系，强化项目执行和验收过程的经费监督检查。

建设"新型大学"与新型研发机构，加强应用基础研究与应用技术开发。一方面，聚焦浦东优势产业，优化产业生态，建立面向特定产业"小而精"的"新型大学"。探索产业人才培养模式改革，以产业需求、产业创新发展为导向，培养产业急需的应用型人才，推进"产教融合"和多方协作，提高科技供给质量。另一方面，支持企业与高校、科研机构合作建立新型研发机构。聚焦科学研究、技术创新和研发服务，探索管理体制和运行机制创新，打破组织边界，盘活创新资源，跨越技术研发与市场应用之间的"死亡之谷"，实现科技供给与产业需求的有效对接，推动科技创新与经济社会融合发展。

二、鼓励创新单元间知识共享，促进关键核心技术领域攻关

从比利时微电子研究中心（Interuniversity Microelectronics Centre，简称 IMEC）产业联合项目的成功经验看，IMEC 集成电路重大公共创新平台就是由重点企业牵头建设创新联合体，将诸多创新

单元、要素进行高效集成，邀请高校和各大厂商积极参与，通过组织形式创新突破关键核心技术；IMEC 积极构建开放式产业共性技术研发平台，实现企业投资、企业联合研发、企业最终使用研发成果的可持续发展；在共享研发费用、科研人员、知识产权，以及共担风险的基础上，开展领先市场需求 3—8 年的项目研究，攻克特定技术在产业应用之前的技术瓶颈。

要鼓励重大攻关计划中创新单元之间知识共享。借鉴 IMEC 的成功经验，由浦东重点企业牵头建设创新联合体，集成相关资源和能力突破"卡脖子"关键核心技术。同时，浦东还应在以集成电路等为代表的战略性领域，建立高校和领军企业的"深度联合培养"模式，实现人才培养、学科建设、科技研发的协同和联动。

要发挥优势技术的交换和制衡能力。浦东要在全球科技和产业竞争格局中形成集成电路、人工智能、生物医药等关键领域的战略制衡能力，通过对深耕前沿领域的高校和科研机构及拥有尖端技术的产业集群给予有力度、有重点的稳定支持，加强新知识、新技术的深度联结与耦合发力，推动产学研协同创新，鼓励形成自主知识产权，保持在细分市场上的领先优势，并通过设定行业标准和企业标杆，实现对客户、竞争对手及市场趋势的引领。

三、推进科研基础设施开放，鼓励社会创新力量参与科学研究

目前上海 14 个已建和在建重大科学基础设施中，有 10 个位于浦东新区，如何运用好已有的科研基础设施和科研仪器，为社会创新力

量参与科学研究创造条件，充分激活科技资源的服务效能，提升全社会创新能力，成为亟待解决的问题。

一是在科技资源管理运行机制方面，进一步完善促进科研设施与仪器开放共享的管理制度和办法，提高面向社会创新力量的科技资源有效供给。在运行机制方面，要明确科技资源的公共服务属性，厘清科研基础设施和科研仪器的运营主体及其责任，整合科研设施和仪器共享服务平台，规范共享机制和模式。在管理体制方面，要健全高等院校、科研机构对社会创新力量的科技资源开放共享机制，探索针对大科学设施共享服务的评价体系和奖惩办法，将推进科研设施和仪器开放共享逐步纳入法制化轨道，加强科技资源与各类科研网络的连通集成。

二是在高新技术企业评定方面，改变以往以成果数量为导向的科技评价指标，向基础研究和多元创新主体适当倾斜。根据基础研究周期长、不确定性大等特点改进科技评价标准，面向不同创新主体、不同产业行业完善分类评价体系，强化突出创新能力、质量、贡献、绩效的评价导向，在改进科技项目组织管理方式的同时，支持、引导社会创新力量参与其中，鼓励建制性科技创新力量与社会创新力量发挥比较优势、形成"合力"，释放创新潜能。

四、着力优化科技创新服务体系，营造良好创新生态

浦东科技创新服务体系仍需进一步完善，要加快技术孵化、科技金融、知识产权服务、专利运营等相关功能性资源的集聚，加大政策扶持力度，加强专业服务机构建设。

一是构建全过程服务孵化生态体系，推动浦东各种创新要素快速融合。一方面推进孵化服务专业化运营，推动孵化链条协同发展，形成从物理空间到关注服务的全要素孵化；另一方面鼓励支持优质孵化机构整合相关资源，提供全要素、全方位的创新创业服务。

二是适当加大政府激励力度，完善科技金融服务。一方面浦东可以出资设立或者控股科技金融集团，直接参与科技金融产品的创新和推广，扩大科技金融的受益面；另一方面制定相应的政策，引导科技企业参与社会信用平台的构建，政府联合第三方机构对科技企业的信用状况进行评级划分，为股权投资、信用贷款、技术补助等科技金融服务提供依据。

三是加快专利技术推广运用平台，支持高水平服务机构为浦东企业提供高价值专利发掘、专利评估、运营、托管等专业服务。一方面要依托技术转移中心和产业知识产权运营中心等载体，集中发布专利技术供给信息；另一方面建立有效对接机制，组织高校院所深入浦东企业开展专利技术对接活动。

五、激发企业创新意愿，提升企业创新能力

浦东要重点发挥国企功能性保障作用，促进各类企业主体的创新联动。

一是完善国企考核和激励机制，加强对外创新辐射。一方面，把国企的资源、平台及技术与民营企业的创新动力结合，制定权责分明的知识产权共享和保护机制，以科研项目攻关为依托、以提升国企绩效为目的、以融合创新合作为关键协同攻关，调动国企自主创新的积

极性，带动民营企业的发展；另一方面，进一步改革国企考核评价体系，完善创新投入持续增长机制，不断推动国有科技型企业在股权激励、薪酬分配等方面开展改革试点。

二是加强民营企业对浦东创新能力建设的贡献，让更多的民营企业能够得到高校及科研机构的支持，进一步提升民营科技企业的创新能力。一方面，浦东要依托科技领军企业的垂直整合能力，通过重大科技项目带动民营企业参与应用研究和试验开发，进而提高民营企业创新能力；另一方面，浦东要建立科学研究与产业化中间阶段的共性技术共享机制，实现企业技术、研究者红利与用户观感反馈的互动循环，打通中小企业共享共性技术的堵点，提高其参与意愿和获利能力。

三是充分发挥外资企业在区域技术发展中的溢出效应，加强与其他类型企业的联动，从而将外企的效率优势转化为本地的创新动力，进一步提升浦东整体的自主创新水平。

六、超前布局颠覆性技术，抓住机遇实现"弯道超车"

颠覆性技术多为高风险、高挑战的项目，其诞生和发展引致主流市场的变革，并对现有格局、规则、框架形成巨大冲击。为此，需要有组织、有策略地进行颠覆性技术的超前布局，抢占技术前沿领域的创新高地，建立多维度的非对称竞争优势，并降低颠覆性技术带来的不确定性和风险。

首先，治理思维与方式要体现前瞻性和动态性。要通过实地调研、开展多方座谈、引入第三方科技评估咨询机构参与等途径，深入理解集成电路、生物医药、人工智能等浦东优势产业发展的根节问题及关键核心技术瓶颈，将需求牵引与产业引领相结合，有效把控颠覆性技术的前沿领域和主攻方向，通过设立协调管理机构、制定行动计划等方式发挥组织引导作用。要以发展、辩证的眼光看待颠覆性技术带来的思想认知冲突和生产生活方式变革。从技术生命周期出发，以创新链关键环节为落脚点，提前作出系统性部署，建立多元主体参与的协同应对机制。同时，随着技术的不断迭代演进，随时依据反馈和评估结果作出动态规划和策略调整，完善动态治理体系。

其次，科研政策、人才观、评价体系等要有足够的包容性。一方面，要完善对非共识项目和颠覆性技术研发的支持、管理和监管机制，鼓励科研人员潜心深耕，对探索科学技术前沿的研究项目给予长期稳定支持；另一方面，要营造包容的创新环境，吸纳海内外创新型人才，为科研机构和人员的全身心投入研发提供良好的服务和支持，允许试错、宽容失败，避免用功利化的指标评价创新绩效。

最后，项目的形成和管理机制要有一定的灵活性。坚持开放合作和重点突破，采用"小而精"、扁平化等项目运作管理机制，鼓励科学技术前沿问题的发现和探索，灵活应对颠覆性技术带来的机遇和挑战，加强创新资源的有效供给、快速流通与高效配置。

七、发挥政策优势，注入区域创新发展新动能

浦东的政策优势来源于两个方面：对外，浦东在激发创新主体活力、促进创新要素集聚、优化创新生态环境等方面先行先试、勇于探索的创新示范举措收获一系列成效，创造了全国范围内多个"首

个""第一"，为其他地区的改革探索提供了借鉴；对内，一系列"放权"和体制机制改革使得浦东的营商环境明显改善，有了更高的自由度和便利度，吸引全球创新资源集聚。浦东既要坚持更高水平改革开放，依靠科技创新打造经济发展新引擎，也要发挥政策高地优势，强化与周边地区协同联动发展。

一方面，浦东要深化"双自联动"，建立健全制度创新与科技创新高效联动机制。作为浦东两大政策集聚区，上海自由贸易试验区和张江自主创新示范区要发挥各自比较优势，利用双自叠加区域开展试点，在加强高新技术企业培育、促进跨境技术转移、优化投资贸易监管制度等方面，破除科技体制机制障碍，提升联动发展水平，实现贸易环境便利化与增强创新策源功能的有机融合，进一步推动浦东创新发展跨上新台阶。

另一方面，浦东要依托长三角一体化，参与区域开放合作机制建设，提高面向长三角区域、面向全国乃至面向全球的创新辐射能力。发挥浦东创新要素集聚的优势，在重点领域和重点产业以项目为依托，鼓励高校、科研机构、企业融入区域创新网络，提升原始创新能力，强化科技成果转移转化，促进全产业链创新发展，营造功能布局合理、资源配置高效、主体活力迸发的区域创新生态，激发科技创新的"乘数效应"。发挥浦东先行先试的示范带动作用，在制度创新和项目建设上形成"双轮"驱动，以点带面推动跨区域平台载体和体制机制的有效衔接，推进长三角区域科技创新协同治理长效机制建设，实现优势互补的区域一体化发展；同时，坚持开放共赢，吸纳全球高层次人才，推进跨境研发活动便利化，支持在更高水平、更广领域开展国际科技合作，提升浦东创新发展能级，助推科技与经济融合的高质量发展。

八、把握五个新城建设契机，助力浦东自主创新能力提升

上海市"十四五"期间，按照独立城市定位和现代城市理念规划建设嘉定、青浦、松江、奉贤、南汇"五个新城"。浦东应抓住南汇新城的建设契机，为科技创新创造更多的应用场景。

一是南汇新城"产城融合"的制度设计让浦东公共服务资源的建设起点更高，以更优质的研发及生活服务配套设施吸引人才，以更好的营商环境导入产业。

二是南汇新城以产兴城，大力发展跨境金融、新型国际贸易、数字经济、航运物流等现代服务业，这将进一步激发浦东科创平台、研发中心、创新联合体等要素的创新策源能力。

三是南汇新城智能制造产业不断升级，为企业搭建研发与转化功能型平台，从而吸引专业化服务机构，不断打造国际科技创新中心的主体承载区。在南汇新城建设中，浦东要不断强化人才集聚政策、完善人才服务保障、积极扶持创新创业，吸引新型研发机构和高端企业，提高服务效率，不断优化营商环境，为打造浦东自主创新新高地提供新动力。

第六章
五个新城与科创中心功能布局

　　《上海市城市总体规划（2017—2035 年）》提出重点建设嘉定、松江、青浦、奉贤、南汇等新城，制定差异化空间发展策略，重点将新城培育成为在长三角城市群中具有辐射带动能力的综合性节点城市，并在"上海市域科技创新布局"部分明确赋予五个新城国家科学中心的重任，将重点建设成为上海国际科创中心的重要承载区。

　　2021 年初，上海市"十四五"规划纲要明确提出加快形成"中心辐射、两翼齐飞、新城发力、南北转型"的空间新格局。为落实这一重大决策部署，上海市政府成立上海市新城规划建设推进协调领导小组，明确了推进新城规划建设的"1+6+5"总体政策框架。同年 3 月，上海市新城规划建设推进协调领导小组办公室印发《上海市新城规划建设导则》，围绕"迈向最现代的未来之城"总体目标愿景，以及"最具活力""最便利""最生态""最具特色"等发展要求，形成"汇聚共享的城市""高效智能的城市""低碳韧性的城市"和"个性魅力的城市"4 项策略。2022 年 1 月 6 日，五个新城共计 40 个项目集中开工（签约），总投资额超过 1300 亿元，标志着上海五个新城正式拉开大规模建设的序幕。

上海国际科创中心建设已经取得以"三个重大"为代表的一系列成果，基本框架体系已经形成，步入内涵建设关键时期。作为上海国际科创中心建设的重要承载区，五个新城各自规划方向、定位高度与发展质量，将对上海坚持"三个第一"，打造科技创新"核爆点"产生重大影响。本章首先对上海建设国际科创中心的内涵及意义进行研究，对五个新城的创新发展基础及问题进行梳理，明确五个新城在上海国际科创中心建设过程中的功能定位与发展思路，并提出具体政策建议。

第一节　上海国际科创中心建设的内涵与意义

一、全球科创中心的概念与内涵

2000 年,《连线》杂志（WIRE，2000）提出全球科技创新中心（Global Hubs of Technological Innovation）的概念，并评出 46 个全球科技创新中心。《连线》杂志认为全球科技创新中心具有以下四大特征：一是当地高校和研究机构有培养技术工人的能力或开发新技术的能力；二是能提供专业技术和带来经济稳定的企业和跨国公司；三是人们创办风险企业的积极性；四是能使好想法进入市场的风险资本的可获得性。2001 年，联合国在《连线》杂志评选的基础上，提出"技术成长中心"概念，指的是将众多的研究机构、创新型企业和风险投资集聚在一起的地区，强调中心彼此之间的联系，并认为这种技术成长中心分散在全世界，从硅谷到班加罗尔等形成了技术发展的众多网络体系，且这种网络体系有层次之分。2014 年，澳大利亚创新研究机构 2thinknow 发布《全球创新城市排行榜》，从文化资产、产业与基础设施、市场网络三个维度对全球 100 个创新城市进行测度，并将 100 个创新城市划分为综合型城市（Nexus cities）、中心城市（Hub cities）、节点城市（Node cities）、有影响力城市（Influence cities）、崛起城市（Upstart cities）五个等级。

上海建设国际科创中心以来，不少国内学者围绕全球科技创新中心的概念进行了探讨。张仁开等（2012）认为，具有全球影响力的科技创新中心一般是指科技创新资源密集、实力雄厚、创新文化发达、科技辐射带动能力较强，具有良好科技发展水平、较强国际竞争力和影响力的城市或区域，是全球新知识、新技术和新产品的创新源地和产生中心之一。[1] 吕薇（2015）认为，创新中心是指创新要素和创新活动相对集中的地区。全球科技创新中心在人才、资金、技术和信息等方面对全球具有影响力、引领能力和带动作用，是国家科技综合实力和创新竞争力的体现，建设创新型国家需要培育多个区域创新中心实施创新驱动发展战略。[2] 杜德斌（2015）认为，全球科技创新中心是全球科技创新资源密集、科技创新活动集中、科技创新实力雄厚、科技成果辐射范围广大，从而在全球价值网格中发挥显著增值作用并占据领导和支配地位的城市或地区。[3] 上海市人民政府发展研

---

[1] 张仁开、刘效红：《上海建设国际创新中心战略研究》，《科学发展》2012 年第 11 期。

[2] 吕薇：《从国家战略出发将上海建成具有全球影响力的科技创新中心》，《中国经济时报》2015 年 8 月 7 日第 5 版。

[3] 杜德斌：《对加快建成具有全球影响力科技创新中心的思考》，《红旗文稿》2015 年第 12 期。

究中心课题组（2015）的研究成果认为，全球科技创新中心是指科技创新资源密集、科技创新活动集中、科技创新实力雄厚、科技成果辐射范围广阔、在全球创新网络体系中处于枢纽地位和发挥引擎作用的城市或地区。[1]邓丹青等（2019）将全球科技创新中心概括为创新资源高度密集、创新文化高度发达、创新技术高度发展、创新网络高度融合的地区。[2]杜德斌（2019）进一步认为全球科技创新中心是以科学研究和技术创新为主要功能，并集中了先进制造、文化教育、金融等多种功能的城市。[3]

在科技创新的内涵与特征方面，吕薇和杜德斌（2015）认为，全球科技创新中心具有科学研究、技术创新、产业驱动和文化引领这四大功能。钱智和李锋等（2015）认为，随着科技创新向产业、生活、文化等各个领域加速渗透，科技创新中心的功能也已从单一科技创新向产业、科技、文化等领域全面创新转变，具备科学研究中心、经济中心、开放中心、创业中心、创新资本中心、创意文化中心这六大特征。[4]陈搏（2016）总结全球科技创新中心内涵为在"宜居""宜业"的创新文化环境中，面向全球汇聚创新资源，创新与创业互动，加速创意产品产业化，驱动经济高质量发展。[5]上海

---

［1］　上海市人民政府发展研究中心课题组、肖林、周国平、严军：《上海建设具有全球影响力科技创新中心战略研究》，《科学发展》2015 年第 4 期。

［2］　邓丹青、杜群阳、冯李丹、贾玉平：《全球科技创新中心评价指标体系探索——基于熵权 TOPSIS 的实证分析》，《科技管理研究》2019 年第 14 期。

［3］　杜德斌：《建设全球科技创新中心，上海与长三角联动发展》，《张江科技评论》2019 年第 1 期。

［4］　钱智、李锋、李敏乐：《找准自身优势，体现国家战略"上海建设具有全球影响力科技创新中心北京高层专家咨询会议"综述》，《科学发展》2015 年第 6 期。

［5］　陈搏：《全球科技创新中心评价指标体系初探》，《科研管理》2016 年第 37 期。

市人民政府发展研究中心课题组（2015）的研究成果认为，全球科技创新中心发展总体上呈现出五个趋势：一是在空间布局上，从以欧美为重心向亚太地区扩展；二是在创新策源上，从大公司为主向跨国公司和中小企业协作并举转变；三是在创新方式上，从封闭研发向开放式融合研发转变；四是在创新内涵上，从单一科技创新向跨领域全面创新转变；五是在创新模式上，从单区域独立创新向跨区域协同创新转变。

综合上述关于全球科技创新中心的定义和理解，本书认为，全球科技创新中心是全球科技创新网络的重要枢纽和节点，可以是城市，也可以是区域，是全球科学发现、创新思想的发祥地，也是全球尖端科技成果的诞生地和新兴产业的策源地，能够依托完善的创新生态吸引与汇聚大量高端创新要素，并通过自身强大的全面创新能力对外产生巨大影响和高能辐射，推动产业范式、生产与生活方式的变革。

二、上海加快国际科创中心建设的意义

《上海市建设具有全球影响力的科技创新中心"十四五"规划》开宗明义地指出，加快建设具有全球影响力的科技创新中心，是以习近平同志为核心的党中央赋予上海的重大任务和战略使命，是上海加快推动经济社会高质量发展、提升城市能级和核心竞争力的关键驱动力，是我国建设世界科技强国的重要支撑。早在2014年5月，习近平总书记在上海考察时，明确要求"上海要努力在推进科技创新、实施创新驱动发展战略方面走在全国前头、走在世界

前列，加快向具有全球影响力的科技创新中心进军"。从国家、区域、上海三个层面来看，上海加快国际科创中心建设具有以下重要意义。

第一，加快建设国际科创中心是国家面向未来的重大战略部署。我国已经将建设创新型国家作为面向未来的重大战略。党的二十大报告指出，必须坚持科技是第一生产力、人才是第一资源、创新是第一动力，深入实施科教兴国战略、人才强国战略、创新驱动发展战略，开辟发展新领域新赛道，不断塑造发展新动能新优势。当前，新一轮科技革命和产业变革加速演变，国际政治经济竞争风起云涌，凸显了加快提高我国科技创新能力、实现高水平科技自立自强的紧迫性和重要性。在新发展阶段，在我国综合实力最强地区之一的上海布局和建设国际科创中心，通过大科学工程提升基础研究实力，通过硬科技创新掌握关键技术、提升经济与产业发展质量，是应对世界百年未有之大变局，构建国内国际双循环发展新格局的重要举措。

第二，加快建设国际科创中心是长三角高质量一体化发展的重要举措。长三角是我国经济发展最活跃、开放程度最高、创新能力最强的区域之一，长三角一体化发展已上升为国家战略。2019 年 12 月，中共中央国务院印发《长江三角洲区域一体化发展规划纲要》，明确提出到 2035 年长三角地区要建设成为中国最具影响力和带动力的强劲活跃增长极。2020 年 12 月，科技部正式发布《长三角科技创新共同体建设发展规划》，提出努力建成具有全球影响力的长三角科技创新共同体。上海加快建设国际科创中心，能够更好发挥龙头带动作用，吸引与汇聚更多高端创新要素，从单一科技创新向生产、生活等领域全面创新转变，并影响与辐射整个长三角地区，产生巨大的共振效应，推动整个长三角地区产业范式、生产模式、生活方式、治理结构等各个方面的变革。

第三，加快建设国际科创中心是上海加快转型发展的重要路径。上海一直是全国综合实力最强的城市之一，当前上海正全面落实党中央交给上海的三大任务，加快推进"五个中心"建设，努力提升"四大功能"，形成国内大循环的中心节点、国内国际双循环的战略链接。但在发展过程中，上海始终面临巨大的城市人口、土地、环境容量制约，要素成本较高，在传统发展优势上并不如周边城市和地区。国际科创中心建设目标和上海其他四个中心目标相互促进，能够有效发挥上海科创资源集聚的比较优势，释放大科学装置、高校院所、高技术企业的创新活力，助力五型经济发展，实现上海产业战略转型，更好完成党中央交给上海的三大任务。

第二节　五个新城创新发展的现实基础

通过对全球科技创新中心概念内涵的梳理可以发现，创新策源功能、创新产业发展、创新要素汇聚、创新辐射都是科创中心的重要内容。关于创新新高地显示性与解释性指标的梳理也进一步深化了对全球科创中心核心指标维度的认识。根据上述分析，本节从创新发展布局、创新主体发展、创新要素汇聚、创新辐射等方面出发，对五个新城在上海国际科创中心发展过程中的现实基础与问题进行梳理与分析。

一、发展现状分析

（一）创新策源功能日趋完善

　　五个新城的高校与科研院所等建制性创新主体的分布并不均衡。早在1958年，嘉定就被上海市委、市政府确定为"科技卫星城"。经过半个多世纪的努力，嘉定已发展成为上海科技资源最集中的区域之一，形成"11所3中心2基地"的科研机构布局。另外，嘉定还拥有同济大学嘉定校区、上海大学嘉定校区、上海科技管理干部学院等院校。早在"十三五"期间，嘉定就全力支持区内科研院所加快国家重大科技专项布局、强化基础研究，在微纳结构单模激光研究、量子通信、钍基熔盐堆工程、超宽光谱探测器研究等领域均实现重大突破和进展；构建了以国家智能传感器创新中心、国家肝癌科学中心、集成电路装备材料创新中心等国家级平台为支撑的区域创新体系，先后推动中科院声学所东海站上海超声技术工程中心、上海应物所放射性药物研发平台等研发中试基地建设。依托松江大学城，松江区内汇聚了上海外国语大学、东华大学、上海工程技术大学等7所高校。相对而言，其他三个新城的高校与科研院所资源较为薄弱，但近年来也在依托自身优势不断强化建制性创新力量。复旦大学将在青浦新城和先行启动区建设人工智能、微纳电子、信息通信三大国际创新学院；由同济大学牵头的"长三角可持续发展研究院"联合"华东八校"，已经在青浦金泽落地。南汇新城已引进上海海事大学、上海海洋大学、上海电机学院、上海电力大学、建桥学院等五所高校，中法两国总理"人文合作机制"项目中央美院中法艺术与设计管理学院、中英低碳学院等中外合作办学高校等。奉贤区内则拥有华东理工大学、上海师范大学、上海应用技术大学等9所高校。

在企业创新主体方面，嘉定新城及周边已集聚百度、地平线、上汽、小马智行、捷氢科技、丰田汽车技术研发等汽车"新四化"领军企业，沪硅产业、迈柯博、烨映电子、钧嵌传感、超摩光电等智能传感器企业，联影医疗、三友医疗、上海细胞治疗集团、复诺健生物、康德莱医疗等生物医药与医疗企业；青浦新城引入华为、辰光、优刻得、大美时代、紫光宏茂、中石化（氢能总部）、艾德曼等数字经济与新能源龙头企业；松江新城集聚了上海超硅、上海新阳、上海合晶硅、豪威半导体等集成电路企业，修正药业、复宏汉霖、亿帆医药等生物医药企业，尚实能源、三井、特一新材等航空与卫星互联网企业，中仿智能、上海六联、辰竹仪表等数字科技企业；南汇新城所在临港新片区先后引入寒武纪、商汤科技、地平线科技等多家人工智能独角兽企业以及彩虹鱼等项目。

在重大科技产业创新平台方面，五个新城在发展过程中重视高品质大项目引进与建设，使得创新主体的能级不断提升，代表性平台如表6-1所示。

表6-1　五个新城重大科技产业创新平台建设情况

新城	重大科技产业创新平台
嘉定新城	大力建设上海联影医疗产业化示范基地二期、高博航空现代化综合型航空航天高科技产业基地、上海微技术工业研究院、国家智能传感器创新中心、上海集成电路材料研究院、上汽集团创新研究开发总院、上海市氢燃料电池汽车产业计量测试中心、万科未来城市研究院、东方财富金融科技研究院等平台，夯实智能传感器及物联网产业、生物医药、智能装备、新能源汽车等主导领域优势地位

（续表）

新城	重大科技产业创新平台
青浦新城	围绕长三角数字干线，大力建设西岑科创中心，打造"一园九岛三组团"的世界级"水乡智岛"；华为研发中心预计2024年初将正式启用；韵达智能智造和无人机产业园也在加快推进
松江新城	大力建设上海松江长三角产业技术研究院、上海脑科学与类脑研究中心、中国科学院微小卫星创新研究院临港卫星研制基地、G60脑智科创基地、腾讯长三角人工智能超算中心、安谱实验研发总部及标准物质产业化基地等平台，推动中国商飞、中芯国际、腾讯等头部企业引领产业链供应链与创新链深度合作
奉贤新城	与深圳市力合科创股份有限公司的子公司深圳市通产丽星科技集团有限公司联合建设健康产业园
南汇新城	建设国家工业互联网创新中心、国家海洋工程装备创新中心、朱光亚战略科技研究院、清华大学尖端信息研究室、上海市智能制造研发与转化功能性平台、上海国际数据港一期、百度创新中心等高端创新平台

来源：作者自行整理。

（二）科创产业规划布局清晰合理

在《上海市新城规划建设导则》的指引下，五个新城都建立了自身的规划建设引导体系与推进方案，对新城建设发展、科创产业空间分布等方面进行了浓墨重彩的布局。具体包括嘉定新城"一核一枢纽两轴四片区"布局、青浦新城"一核一带多区"布局、松江新城"一廊一轴两核"布局、奉贤新城"绿核引领、双轴带动、十字水街、通江达海"布局，以及南汇新城"一核一带四区"布局，具体如图6-1所示。科学前瞻的发展与规划布局对五个新城明确发展思路、聚集"五型经济"产业，推进"产城融合"良性发展，激发未来发展活力具有重要意义。

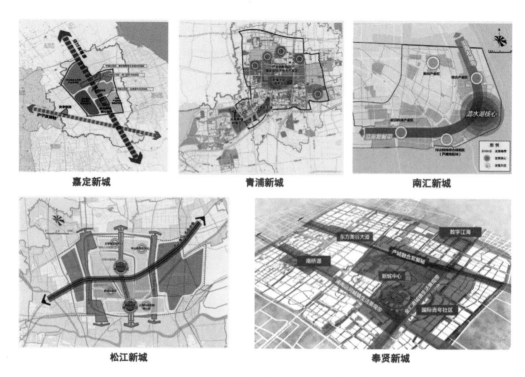

图 6-1　五个新城的创新发展空间布局体系

来源：根据各新城发展规划整理。

　　围绕创新发展空间布局，五个新城确定了各自的科创主导产业体系，如表6-2所示。在此基础上，五个新城深入推进"一城一名园"建设，持续打造嘉定国际汽车智慧城、青浦长三角数字干线、松江长三角 G60 科创走廊、奉贤东方美谷、南汇数联智造等科创产业品牌。

表 6-2　五个新城的科创主导产业

新城	科创主导产业
嘉定新城	汽车"新四化"、智能传感器及物联网、高性能医疗设备及精准医疗三大千亿级产业
青浦新城	以人工智能、基础软件、应用软件、工业互联网、信息安全等数字经济为主导，做大现代物流、会展商贸等特色产业。氢能新能源、新材料、生物医药等制造业特色产业集群

（续表）

新城	科创主导产业
松江新城	电子信息业、现代装备业、都市型工业等三大传统优势产业；新能源、新材料、生物医药、节能环保、智慧安防、智能机器人，和增材制造、远程互联、创意设计、电子商务等"6+X"战略性新兴产业
奉贤新城	以美容化妆品、生物医药为代表的美丽健康产业，智能网联汽车及核心零部件产业
南汇新城	集成电路、人工智能、生物医药、民用航空、智能新能源汽车、高端装备制造、氢能、绿色再制造等前沿科技产业，金融、总部经济、贸易航运、数字经济等高端服务业

来源：根据各新城发展规划整理。

　　五个新城在区域发展过程中都将科技创新置于突出位置。嘉定新城专门针对科技创新重点区域，制定嘉定《科技城自主创新产业承载区"十四五"规划》专项规划，加强在科技成果转化、新兴产业培育、制度先行先试等方面的布局。松江新城以长三角G60科创走廊作为高质量发展建设重点，积极融入长三角科创共同体，全力引入科创引擎项目。

　　除了科创产业发展规划，五个新城所在区政府在财政资金、规划土地、公共服务、项目引进、运营管理等方面加强对五个新城的政策支持与倾斜，围绕科创主导产业布局，陆续出台具有针对性的科创产业支持政策，并实施一系列重点行动方案，形成了较为完善的科创产业政策支持体系和良好的科创产业发展环境。松江、青浦、南汇等新城还依托G60科创走廊、长三角绿色一体化发展示范区和先行启动区、自贸区等国家支持政策的叠加优势，凭借比其他区域更为优越的创新政策环境，积极打造政策应用与示范高地。

（三）创新资源汇聚能力不断提升

五个新城在创新人才、金融创新资本与服务、知识产权、数据共享等方面，制订了一系列旨在促进创新资源集聚与流动的重大举措，并逐步形成了进博会、世界顶尖科学家社区、嘉定长三角科技成果交易博览会等吸引和汇聚全球创新资源的重要平台。南汇新城所在的临港新片区率先开展境内贸易融资资产跨境转让、高新技术企业跨境融资便利化额度等试点，加速国际科创资源向国内流动。具体举措如表6-3 所示。

表6-3　五个新城促进创新资源集聚的主要举措

	主要举措
嘉定新城	**在人才资源集聚与流动方面**，2020 年 4 月，由中国工程院与上海市人民政府共同建设的中国工程院院士专家成果展示与转化中心落户嘉定。2022 年 10 月，正式启用"上海·嘉定人才港"，实施新一轮嘉定人才新政"30 条"，出台《嘉定区促进人力资源服务业集聚支持办法（试行）》和相关细则，包括九大举措 **在金融创新资本与服务方面**，2017 年与上海市金融办签署《战略合作备忘录》。于 2020 年 12 月与上海国际集团签署战略合作协议，上海科创二期基金落户嘉定，规模约 80 亿元。与昆山、太仓共同设立嘉昆太创新圈基金 **在数据共享互通方面**，建设嘉定区大数据资源平台，对接上海市、区政府部门存量数据资源，推动实现各类公共数据的共享开放与社会数据融合应用
青浦新城	**在人才资源集聚与流动方面**，出台"青峰 1+5"人才政策，与吴江、嘉善一同签署《长三角生态绿色一体化发展示范区人才服务战略合作框架协议》。升级打造青浦长三角人才港，揭牌长三角海外人才服务专区，打造长三角人力资源产业园。设立长三角人才驿站，探索建立长三角智慧城市联合学院。在示范区推广设立外国人来华工作、居留许可"单一窗口" **在金融创新资本与服务方面**，已吸引 IDG 资本、中美绿色长三角（上海）基金、云砺信息金融平台等金融资本与服务机构落户，IDG 资本项目规模达180 亿元

（续表）

主要举措

| | 在数据共享互通方面，启动"长三角一体化示范区政协信息共享平台"建设，提高示范区三地政协协同联动的整体效能。2022年1月，长三角生态绿色一体化发展示范区执委会与沪苏浙三地大数据管理部门正式签订《公共数据"无差别"共享合作协议》，示范区公共数据共享共用迈入省域级"无差别"新高度

在知识产权服务一体化方面，2021年3月，《关于在长三角生态绿色一体化发展示范区强化知识产权保护推进先行先试的若干举措》落地生效，明确知识产权联合保护等四个方面16项工作任务，覆盖了知识产权保护工作的全链条和各环节 |
| 青浦新城 | |

| | 在人才资源集聚与流动方面，形成"基地＋中心＋峰会＋培训"四融合工作机制，打造国家移民政策实践基地、建设产业人才协同中心。颁布人才政策"1+10"。通过G60双百人才计划、奖励计划、安居计划、团队培育计划引入优质人才。未来五年将投入20亿元，重点资助和扶持长三角G60科创走廊重点产业、重点企业的人才引进和人才发展，提供人才公寓不少于1.5万套，对在长三角G60科创走廊建设中做出卓越贡献的杰出人才，给予最高1000万元的购房补贴

在金融创新资本与服务方面，落实央行"15+1条"金融支持政策，推出"G60科创贷"等专属科技金融产品，试点跨区域联合授信，完善"政府＋园区＋担保＋银行"四方协同政策性融资担保服务机制。依托上交所资本市场服务G60科创走廊基地成立G60科创板企业家联盟，科创板已受理九城市企业132家、发行上市87家，均占全国总数1/5；上证G60创新综合指数、战略新兴产业成份指数走势强劲，成功推出ETF产品和增强型基金。设立长三角G60科创走廊科技成果转化基金。升级"G60科创云"科技资源共享服务平台，优化服务功能

在知识产权服务方面，设立长三角G60科创走廊知识产权行政保护协作中心，九城市共同签署《长三角G60科创走廊知识产权一体化发展合作协议》 |
| 松江新城 | |

| | 针对生物医药制造业不同技术领域特色，推进新型产学研联盟建设，形成"虚拟创新联动平台"，为园区生物医药制造业的振兴提供强有力的科技支撑

通过办东方美谷国际化妆品大会，邀请世界各大知名化妆品企业参会，加强与法国、意大利、日本、韩国等化妆品领域最具代表性的企业、协会交流。与法国化妆品谷签订"双谷联动"协议，共享科创资源，加强化妆品上下游产业集聚 |
| 奉贤新城 | |

（续表）

	主要举措
南汇新城	**在人才资源集聚与流动方面**，针对各类人才实施居住证专项加分、缩短"居转户"年限等8方面政策优惠。实施海外高层次人才个税税赋差额补贴等16方面优惠政策。建设世界顶尖科学家社区，构建大师工作站、世界科学组织总部、青年科学家中心三大平台相互支撑的科学命运共同体 **在金融创新资本与服务方面**，于2020年9月成立智能投研技术联盟，推动一批先进的金融科技头部企业向新片区集聚 **在知识产权服务方面**，临港新片区法律服务中心与上海市浦东新区知识产权协会签署战略合作协议，推动"知识产权出版社原创认证平台"首个"原创认证平台上海中心"落户临港新片区，推进在临港新片区建设国家级"知识产权人才培训基地"

来源：作者自行整理。

（四）创新辐射能力逐步增强

在增强城市创新辐射能力，实现区域协同创新发展方面，五个新城都已明确辐射方向及重点。嘉定新城重点发挥沪宁发展轴上的枢纽节点作用，建设长三角智慧交通最佳实践区和示范体验区，与昆山、太仓共同打造嘉昆太协同创新圈、沪苏同城示范区；青浦新城处于虹桥国际开放枢纽、长三角生态绿色一体化发展示范区的战略叠加区，重点探索区域一体化的体制机制创新，推进示范区一体化发展，建设沪湖廊道上的节点城市；松江新城是五个新城中唯一拥有城市级交通枢纽的新城，重点通过G60科创走廊联动九城市一体化发展，打造长三角科创产业协作核心区；奉贤新城重点推进杭州湾区域一体化发展，打造"湾区"一体化引领区、杭州湾北岸辐射长三角的综合性服务型核心城市；南汇新城是五个新城中唯一的特殊经济功能区，重点依托高产业能级和自贸试验区制度创新，在长三角更大范围内推进区域一体化发展，建设滨江沿海发展廊道上的节点城市。

　　五个新城还不断探索和完善跨区域科创治理机制，推进跨越行政区域的合作项目，构建融合共享的区域创新共同体，部分举措如表6-4所示。

表6-4　五个新城提升城市创新辐射能力的部分举措

新城	举措
嘉定新城	与苏州市签订《嘉昆太协同创新核心圈战略合作协议》；与温州市签订《推进更高质量发展战略合作框架协议》；嘉定、苏州、温州、芜湖四地科技部门签署《深化长三角地区科技创新一体化发展战略协议》。加强与昆山、太仓等毗邻区域产业跨界融合，发挥长三角汽车产业创新联盟作用共同完善汽车全产业链；加快建设温州（嘉定）科创园二期，为嘉温两地科创要素共享、人才集聚、成果转化和项目孵化提供更广阔空间；参与组建长三角5G创新发展联盟，与无锡、杭州、合肥共建跨区域超级中试中心
青浦新城	与吴江区、嘉善县积极推进示范区"机构法定、业界共治、市场运作"的跨域治理模式，并签署了一系列合作协议。与吴江区和嘉善县合作共建长三角一体化数据中心集群项目、长三角国家技术创新中心项目、金融赋能示范区高质量发展战略合作项目，发展长三角一体化示范区开发者联盟
松江新城	联合九城市共同成立长三角G60科创走廊联席会议办公室，九城市签订《G60科创走廊战略合作协议》《G60科创走廊工作制度》《G60科创走廊总体发展规划3.0版》等协议。成立16个长三角G60科创走廊产业联盟和11个产业合作示范园区。出台产业联盟（园区）建设发展指导意见，发布产业链核心技术攻关清单
奉贤新城	奉贤新城与安徽亳州在中医药等领域合作；奉贤区与黄山市、广东惠城、江苏江阴等签署战略合作协议，构建"东方美谷"和"新安医学"深度融合发展机制

（续表）

新城	举措
南汇新城	临港新片区管委会与奉贤区人民政府先后签订《有关事权财权和工作界面的备忘》《加强协同联动细化事权财权和工作界面合作协议》《进一步服务保障国家战略落地落实，进一步释放政策效应共享发展成果战略合作协议》等战略协议，建立健全常态化、制度化的统筹协同机制。临港新片区管委会与中国航发商发、上海航天技术研究院、上汽集团、中船动力集团、中国重燃五大动力领域的领军企业签署深化战略合作框架协议，加快突破动力核心技术，实现产业链关键环节自主可控。与舟山群岛新区海洋产业集聚区、彩虹鱼（舟山）海洋战略新兴产业示范园、宁波梅山海洋战略性新兴产业示范基地和江苏省通州湾江海联动开发示范区共同签署成立长三角区域海洋经济协同创新发展联盟，建立跨区域运筹涉海类人才、科技、金融、项目、市场的多元资源整合平台

来源：作者自行整理。

（五）城市功能不断改善

　　围绕长三角城市群中具有辐射带动能力的综合性节点城市发展目标要求，五个新城不断加快产业功能发展。嘉定新城已集聚一批"新四化"企业，依托国内首个智能网联汽车试点示范区，率先实现智能网联汽车开放道路测试，颁发首批智能网联汽车示范应用牌照，推动智能网联汽车测试道路全域开放。青浦新城在数字经济方面持续发力，形成长三角数字干线型布局雏形。南汇新城初步具备了面向全球的航运贸易服务功能，洋山深水港集装箱吞吐量突破2300万标准箱。

　　围绕"迈向最现代的未来之城"要求，五个新城不断加快公共服务设施建设，推动一批医疗、教育、文化、养老、托育等优质公共服务资源落地，使得五个新城的城市功能持续快速提升，代表性大型公共项目如表 6-5 所示。

表 6-5　五个新城的代表性大型公共项目

新城	项　　　目
嘉定新城	交大附中嘉定分校、华二初中、中福会幼儿园等学校；瑞金医院北部院区、东方肝胆医院、市中医医院嘉定院区三所三甲医院；保利大剧院、嘉定图书馆、F1 赛车场、上海市民体育公园等公共服务项目
青浦新城	复旦附中青浦分校、未来学校等学校；中山医院青浦分院、复旦医学园区等医院项目；长三角艺术中心、中央公园、环城水系公园、青浦图书馆、青浦博物馆、青浦青少年活动中心、区文体中心、应急联动中心等公共服务项目
松江新城	松江一中、松江二中、上师大外附中改扩建工程、永丰小学、二中初中、松江七中、开放大学等迁建、改扩建项目；与上师大合作建设"未来学校"；上海中医药大学附属松江医院、区牙防所等医院公共卫生项目；上海科技影都示范样板区核心滨水工程等公共服务项目
奉贤新城	世界外国语学校、上海中学国际部奉贤分校、奉贤中学附中、附小等学校；中国福利会国际和平妇幼保健院奉贤院区、上海交通大学医学院附属新华医院奉贤院区、牙防所、皮防所、亚洲妇儿医学中心等医院和公共卫生项目；奉贤区第二福利院、青少年活动中心、九棵树艺术中心、奉贤博物馆、云水无边艺术中心、"在水一方"项目、"南桥源"鼎丰酱园项目等公共服务项目
南汇新城	上海中学东校高中部、上师大临港附中、附小、华师大二附中临港高中、初中、小学、上海交大附中临港分校等学校；第六人民医院临港院区改造提升；上海天文馆、冰雪之星项目、足球训练基地、临港青少年活动中心等公共服务项目

二、存在问题分析

（一）创新策源能力仍需提升

五个新城所在区域的发展基础不同。就整体而言，松江新城和嘉定新城所在区的科创产业基础较为扎实，创新产业能级相对较强，截至 2022 年底，上海共有四个区科创产业产值突破 1000 亿元，分别为浦东新区、松江区、闵行区和嘉定区。从科创产业产值占比来看，松江区战略性新兴产业占全区规上工业总产值六成以上；嘉定区"十三五"期末拥有企业技术中心、工程技术中心超 300 家，总量位居全市第二，全社会 R&D 经费占增加值比重超 5%，高于全市平均水平，虽然科创产业产值突破千亿元，但比重较低，仅占全区规上工业总产值的 27.2%。相较而言，奉贤新城和青浦新城所在的奉贤和青浦区科创产业的体量相对偏小，占比偏低，仍有较大发展空间。从高新技术企业和国家级"专精特新"小巨人企业总数情况看，奉贤和青浦同样与松江、嘉定存在较大差距，具体如表 6-6 所示。

表 6-6　上海主要区域的科创产业发展情况（2022 年）

	科创产业产值（亿元）	占全区规上工业总产值比重（%）	高新技术企业总数（有效期内）	国家级"专精特新"小巨人企业（四批合计）
浦东新区	5036	48.4	3784	118
松江	2969.71	66	2595	69
闵行	1822.30	52.4	3386	65
嘉定	1500.1	27.2	2453	70
奉贤	818.4	34.6	1497	23
青浦	432.64	25.7	1016	32

数据来源：松江、闵行、嘉定、青浦数据来源于各区《2022 年国民经济和社会发展统计公报》，截至 2023 年 5 月 25 日，奉贤区未发布《2022 年国民经济和社会发展统计公报》，其数据来源于《2021 年国民经济与社会发展统计公报》；浦东新区数据来源于《浦东新区统计年鉴（2021 年）》，国家级"专精特新"小巨人企业数据来源于上海转型发布

科技型中小企业作为重要的社会创新主体，已成为各地政府近年来科技创新发展重点。上海市科委于 2022 年 10 月发布《关于发布 2022 年度上海市科技企业孵化器、众创空间绩效评价结果的通知》（沪

科〔2022〕349号），公布对上海市205家和172家纳入创新创业载体孵化体系的科技企业孵化器、众创空间绩效评价的结果。从上海创业服务机构发展情况看，嘉定区拥有的科技企业孵化器和备案众创空间数量在上海分别排名第二和第六位，落后于浦东新区。松江、青浦、奉贤三区科技企业孵化器和众创空间整体数量较少，可能会对其产业创新能力的持续提升造成不利影响，具体如图6-2和图6-3所示。

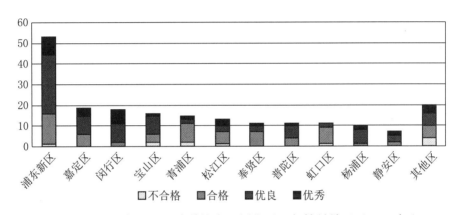

图6-2　上海市主要区域科技企业孵化器运行绩效情况（2022年）

数据来源：上海市科委，2022。

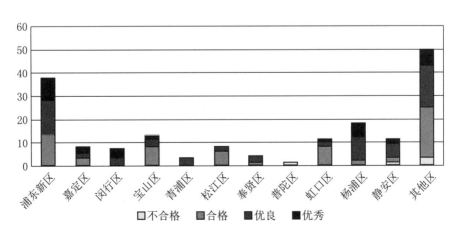

图6-3　上海市主要区域众创空间运行绩效情况（2022年）

数据来源：上海市科委，2022。

从绩效优秀的科技企业孵化器和众创空间情况来看，嘉定区同样领先于松江、奉贤、青浦，如图6-4所示。

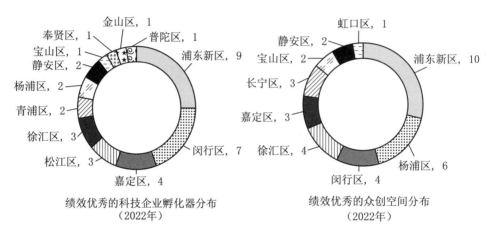

绩效优秀的科技企业孵化器分布
（2022年）

绩效优秀的众创空间分布
（2022年）

图6-4　上海绩效优秀的科技企业孵化器和众创空间分布（2022 年）

数据来源：上海市科委，2022。

（二）特色化的科创产业布局前瞻规划定位尚未转化为发展优势

五个新城都已确定各自的特色主导科创产业，近年来实现了较快发展，但五个新城原先并非产业高地，开发时间短，总体上仍处于追赶过程中，距离成为长三角创新产业增长极的目标还存在一定差距，在创新生态、产业能级、技术基础、对周边辐射带动能力等方面仍有较大提升空间。

嘉定新城的汽车"新四化"产业在一些关键技术领域的创新能力较为薄弱，对国外依赖度较高，在跨区域数据联通、共享与使用、行业标准建设、国际影响力等方面仍需加强。[1]青浦新城所在的青中

---

[１]　上海市政协和嘉定区政协联合课题组：《提升汽车产业中心能级　推进嘉定新城高质量发展》，《联合时报》2021 年 12 月 10 日。

地区和青浦工业园区虽然产业集聚度较高，但总体上以制造业为主，印刷、纺织、机械制造等传统产业仍占有较高比重，数字经济的引领作用尚不突出，与数字产业配套的创新资源相对匮乏，数字产业、场景应用等方面缺乏标杆和特色，"东西强、中间弱"的产业布局形态有待优化。松江新城受高速公路、铁路等大区域交通影响，空间割裂情况较为严重，产城分离问题较为突出，早期核心区域开发较快，松江中央公园向西到辰塔路之间的土地存量堪忧。奉贤新城的美丽健康产业虽然品牌众多，但企业体量总体不大，头部企业相对较少，在细分门类上也尚未形成规模化的产业集群，产业辐射性不强。南汇新城开发历史较短，产业基础较为薄弱，区域内产业分布呈板块化发展格局，不利于相互间的资源共享。

此外，沿着沪宁、沪杭、沪甬、沿江等创新走廊观察，沿线主要城市在科创产业上的定位存在较为严重的同质化现象，如表 6-7 所示。各城市在某些产业上的差距正逐渐缩小，譬如，上海、杭州、合肥、苏州等长三角城市均已入选国家新一代人工智能创新发展试验区，青浦、松江、南汇三个新城均将人工智能作为核心科创产业进行发展与培育。

表 6-7　五个新城与长三角部分城市的主导科创产业

五个新城	嘉定新城	新能源智能汽车、智能传感器与物联网、在线新经济（电子商务）等
	青浦新城	数字经济、现代物流、会展商贸、人工智能等
	松江新城	人工智能、集成电路、生物医药、高端装备、新能源、新材料等
	奉贤新城	美容化妆品、生物医药、智能网联汽车及核心零部件等
	南汇新城	集成电路、人工智能、生物医药、智能新能源汽车、高端装备制造等

（续表）

浙江	嘉兴	高端装备、集成电路、智能制造、新能源、汽车
	杭州	互联网、汽车、高端装备、智能制造、生物医药
	湖州	汽车、集成电路、互联网＋、集成电路、生物医药
	金华	先进装备、生物医药、汽车
江苏	苏州	生物医药、高端装备、智能制造、互联网＋、集成电路
安徽	合肥	新型显示、人工智能、新能源、家用电器、集成电路
	芜湖	汽车、机器人、电子电器、智能制造、高端装备
	宣城	汽车、集成电路、生物医药、智能制造

来源：作者自行整理。

产业定位的一致性有助于在长三角建立起更具竞争力的"大产业"，但产业趋同容易引发恶性竞争。不仅在长三角范围内，在上海内部，五个新城的科创产业定位也有可能与张江高科技园区产生重叠。五个新城在确定特色主导科创产业的基础上，一方面需要加速培育自身产业创新生态，铸造区域经济"增长极"，另一方面也需要围绕长三角科创产业整体布局，进一步谋划，通过错位、借力和协同发展，形成各自的比较优势。

（三）各类创新资源汇聚力度仍需加大

五个新城要形成独立于上海主城区的核心竞争力，建设成各具特色的国际科创中心重要承载区、综合性节点城市，必须具备能够支撑其科创产业与内部市场及城市基础设施发展的足够人口体量。上海市政府2021年2月颁布的《关于本市"十四五"加快推进新城规划建设工作的实施意见》提出2025年五个新城常住人口规模360万左右、2035年五个新城各集聚100万左右常住人口的目标。根据第七次人口普查数据，五个新城的常住人口规模，松江新城约81万、嘉定新

城约 70 万、青浦新城约 40 万、奉贤新城约 40 万、南汇新城约 37
万，青浦、奉贤和南汇三个新城距离百万人口目标还有不小差距，具
体如表 6-8 所示。

表 6-8　五个新城常住人口导入目标

	人口导入目标	来　源
总体目标	新城中心商业商办就业密度 8 万人 / 平方公里；新城人口密度不低于 1.2 万人 / 平方公里	上海市城市总体规划（2017—2035 年）
	五个新城 2035 年规划常住人口约 385 万人。嘉定新城 70 万人，青浦新城 65 万人，松江新城 110 万人，奉贤新城 75 万人，南汇新城 65 万人	
	到 2035 年，5 个新城各集聚 100 万左右常住人口，基本建成长三角地区具有辐射带动作用的综合性节点城市。到 2025 年，5 个新城常住人口总规模达到 360 万人左右	《关于本市"十四五"加快推进新城规划建设工作的实施意见》
嘉定新城	规划常住人口规模由 70 万人提高至 100 万人，服务人口规模约 120—150 万人	上海市嘉定区国民经济和社会发展第十四个五年规划和二〇三五年远景目标纲要
青浦新城	至 2025 年，青浦新城常住人口规模约 55 万人；至 2035 年，青浦新城常住人口规模约 65 万人（不含战略留白区）	青浦新城"十四五"规划建设行动方案
松江新城	到 2025 年，松江新城常住人口达到约 95 万人。到 2035 年，松江新城常住人口达到约 110 万人	松江新城"十四五"规划建设行动方案
奉贤新城	2025 年常住人口 70 万人左右	奉贤新城"十四五"规划建设行动方案
南汇新城	2025 年预期常住人口达到 75 万人	南汇新城"十四五"规划建设行动方案

在人口出生率持续下降的背景下，能否从长三角、全国乃至全球

吸引和汇聚科技创新人才资源,实现五个新城规划人口目标,已经成为五个新城能否成为"独立""综合""节点"性国际科创中心重要承载区的关键所在,也是五个新城亟待破解的重要发展难题。当前,五个新城的商品住宅价格比较高,人才公寓供应相对不足,创新创业的成本仍然处于较高水平,对长三角高端人才就业与创业的吸引力不大。从通勤方向看,五个新城与江浙等近沪地区、上海中心城区通勤方向呈现出不同特征,新城对江浙等近沪地区的通勤以吸引为主,而新城与中心城区的通勤则以被吸引为主,但新城与上海中心城区的通勤联系远比新城与近沪地区的联系更为紧密、人数规模更大,显示出上海中心城区对五个新城人口的吸引力要强于五个新城对江浙等毗邻地区人口的吸引力,如图 6-5 所示。

此外,在创新资源流动与共享方面,五个新城都在努力提高数字化治理水平,但还未完全实现与周边城市的数据与信息共享,数据资源条块化分割现象仍普遍存在,难以发挥大数据在提升跨区域治理效能,消除行政壁垒,提高科创资源配置效率等方面的作用。

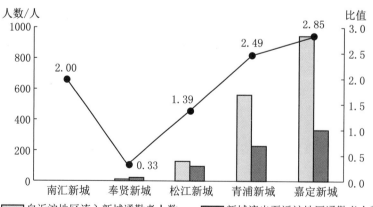

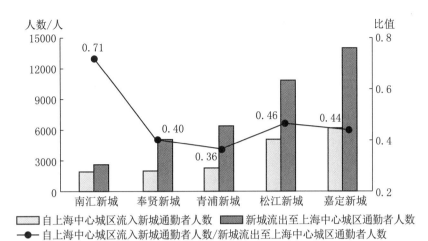

图 6-5 五个新城与近沪地区及上海中心城区的通勤联系

来源:《2021 长三角城市跨城通勤年度报告》。

(四)辐射范围及强度仍需加大

从跨区域科创合作治理机制的角度看,目前五个新城对外科创合作仍处于试点探索层面,合作关系依靠备忘录等较为软性的方式维系,合作内容较为分散,较少触及需要深层次改革突破的痛点,未形成突破性、体系化、可持续的设计。譬如,在科创飞地建设方面,目前在松江 G60 科创走廊周边已建有不下十处科创飞地,产生入驻企业准入门槛、税收产值统计指标归属、政策统一等方面的新问题,也引发上海对于过度招商等问题的担忧。[1]

从跨区域科创活动组织模式的角度看,目前五个新城跨区域科创活动以政府策动为主,政府部门扮演着"策动者"重要角色。相对而言,政府在"织网人"角色上的作用体现得并不突出,市场对于科创

---

[1] 钱智、吴也白、朱咏、宋清:《长三角 G60 科创走廊产业协同创新中心建设调研报告》,《科学发展》2021 年第 2 期。

资源配置的决定性作用仍未充分显现出来。有调研发现，目前嘉定、青浦、松江等新城所在江浙沪毗邻区域部分企业对长三角一体化相关规划和政策感受度不高，未能感受到五个新城的辐射，并充分参与到长三角科创共同体建设活动中来。[1]

（五）新城交通和公共服务仍需持续优化

交通便利程度对于有效吸引和汇聚各类创新资源至关重要。五个新城区位条件各异，虽地处上海与江浙毗邻区域，但普遍缺乏智慧高效的对外交通联系，导致"末端效应"强于"节点效应"，新城要素流动成本偏高，产业创新合作及对外辐射受限，核心节点定位难以转化为发展区位优势。除松江新城拥有城市级交通枢纽，对外能够通达80%以上长三角主要城市外，其他新城普遍缺乏铁路对外联系。五个新城通往上海市区、五个新城彼此之间、与长三角其他地区的通勤时间大都在一小时以上。五个新城中，奉贤新城和南汇新城基本处于上海交通网络的末梢，从1990年版南桥镇总体规划至2018年版奉贤区4版新城总体规划，奉贤新城的发展方向经历了"北上、南下、东拓"多次变更，然而向北缺乏融入主城区的功能锚点，向南缺乏融入杭州湾和长三角的功能支撑，陷入"南北不靠"的困窘境地。南汇新城距离上海中心城区距离达75公里，交通线路过少，轨道交通仅有16号线接入，区域内部的路网密度、公交线网密度、500米公交站点覆盖率等都处于五个新城中最低水平。

从公共服务能级看，根据表6-9和表6-10所示五个新城居民就

---

[1] 陈桂龙：《一体化发展江浙沪毗邻区策略》，《中国建设信息化》2020年第1期。

表 6-9　五个新城居住人口就业分布比例

| | | 工作 | | | | | | |
		嘉定新城	青浦新城	松江新城	奉贤新城	南汇新城	主城区	其他区域
居住	嘉定新城	67.02	0.13	0.12	0.05	0.05	10.52	22.11
	青浦新城	0.18	65.03	0.31	0.03	0.01	7.04	27.40
	松江新城	0.14	0.29	64.92	0.09	0.45	11.92	22.19
	奉贤新城	0.06	0.06	0.17	53.64	0.95	11.95	33.17
	南汇新城	0.12	0.12	3.85	0.88	66.48	13.47	15.08
	主城区	0.71	0.26	0.66	0.29	0.38	87.04	10.66

来源：杨超，陈明垟等，2022。

表 6-10　五个新城居住人口低频非日常生活型出行分布比例

| | | 低频非日常生活型出行 | | | | | | |
		嘉定新城	青浦新城	松江新城	奉贤新城	南汇新城	主城区	其他区域
居住	嘉定新城	58.66	0.30	0.44	0.14	0.19	20.40	19.87
	青浦新城	0.43	54.73	1.42	0.08	0.08	15.12	28.14
	松江新城	0.26	0.50	57.20	0.17	0.55	18.44	22.88
	奉贤新城	0.22	0.14	0.50	51.51	0.96	18.93	27.75
	南汇新城	0.31	0.17	4.07	1.14	44.79	25.18	24.33
	主城区	0.92	0.37	0.90	0.39	0.45	85.05	11.93

来源：杨超，陈明垟等，2022。

业和娱乐、购物等低频非日常生活型出行调查结果，五个新城已有超过一半居民实现内部居住与就业，说明五个新城工作岗位和日常生活配套设施基本可以满足内部居民的需求。[1] 但五个新城与主城区 85% 以上的水平还存在一定差距，娱乐、购物等低频非日常生活型

[1] 杨超、陈明垟、袁泉、王燚：《上海市新城通勤人群出行特征分析》，《城市交通》2022年第 2 期。

出行相较于工作更依赖于主城区，南汇新城居住人口低频非日常生活型出行比例低于50%，差距更为明显，说明五个新城公共服务设施，尤其是娱乐购物等设施还有继续提升的空间。

对于五个新城与主城区职住比的调查结果获得类似的结论，五个新城的职住比平均为0.46左右，略低于中心城区0.59的水平，仅松江新城接近主城区。南汇新城的职住比仅为0.29，与其他新城存在一定差距。[1]具体如图6-6所示。

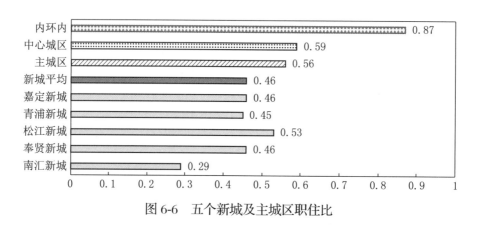

图6-6　五个新城及主城区职住比

来源：张天然、王波等，2021。

第三节　五个新城在国际科创中心中的功能定位与发展思路

通过分析可以看出，五个新城在创新发展基础、资源禀赋、发展阶段方面存在着诸多不同，这意味着五个新城在国际科创中心建

---

[1] 张天然、王波、訾海波、朱春节：《上海五个新城职住空间特征对比研究》，《上海城市规划》2021年第4期。

设中的功能定位、发展思路及推进路径不可能整齐划一，必须充分体现特色化与差异化。除此之外，五个新城在国际科创中心中的功能定位与发展思路必须放在长三角乃至更大空间尺度中考察，处理好新城与主城区的关系，并充分体现前瞻性。

一、五个新城在国际科创中心建设中的功能定位

国际科创中心是科学发现与创新思想的发祥地、新兴产业的策源地、能够吸引大量创新要素并对外产生巨大影响，推动生产与生活方式变革。因此，可以从创新策源、产业创新、要素集聚、生活方式等方面出发，确定五个新城在国际科创中心建设的功能定位。结合上海国际科创中心建设要求和五个新城各自发展的现实基础，本书认为，五个新城可以将以下"四个高地"作为国际科创中心建设中的核心定位。

1. 具有全球影响力的科创策源高地

国际科创中心通过强大的全面创新能力对外产生巨大影响和高能辐射，推动产业范式、生产与生活方式的变革。五个新城要利用自身及周边高校与科研院所富集优势，积极参与和支持张江科学城、国家实验室、长三角实验室等重大科技基础设施网络建设，为重大前沿科学问题突破、源头技术供给创造有利条件。发挥五个新城各自优势，围绕各自主导及优势产业开展关键核心技术攻关，突破一批关键核心技术瓶颈，形成一批关键标准，解决产业核心难题，推动相关产业迈向价值链高端，最终将上海的发展与对外辐射模式从单一中心城区向外发力转变为"一个中心＋五个新城"的网

络化、多中心向外发力，每个新城都是具备较强对外影响和辐射力的科创策源高地。

2. 具有竞争力的产业创新高地

在国际科创中心建设过程中，五个新城要依托各自科创产业及空间布局，嘉定新城依托科技城自主创新产业承载区与环同济知识经济圈（嘉定）、青浦新城依托长三角生态绿色一体化发展示范区、松江新城依托 G60 科创走廊、奉贤新城依托东方美谷、南汇新城依托临港新片区和前沿科技产业区，积极引入头部企业、引进和培育高成长性科技企业，牵头组建一批长三角产业创新联盟，打造一批长三角战略性新兴产业创新示范基地、产学研协同创新中心、科技企业孵化基地和双创示范基地，不断提升科技服务业的服务能级，打造有竞争力的科创产业新增长极。此外，五个新城还要深入参与长三角科技创新共同体建设，加强五个新城与上海市区、五个新城彼此之间，以及五个新城与长三角其他城市的联动发展，打造具有辐射力与影响力的创新产业集群，成为长三角乃至国际创新协同的重要节点。

3. 具有吸引力的科创人才和创新资源集聚高地

在科创人才资源方面，能否在短期内形成 30 万—50 万人口的"人气效应"，中长期达到 100 万以上的人口规模，并吸引更多优秀科创人才，将直接关系到五个新城的活力与发展动力。在这个过程中，五个新城不仅要与外省市做好人才引进的协调，还要协调好与上海市城市总体规划中人口规模总量限制的关系。五个新城必须在产业、生活、政策等方面共同发力，形成"磁铁效应"，吸引和留住全国乃至全球的优秀科创人才。此外，五个新城要依托区域内的龙头企业和重大科研平台，深度嵌入全球创新网络，链接和吸引全球创新要素。

4. 具有科技范的高品质生活与创新示范高地

五个新城要深入践行"人民城市人民建，人民城市为人民"的核心理念，加快高质量公共服务设施建设，率先将科技进步成果应用到五个新城的生产和生活实践，加快建设新时代数字智慧城市、安全韧性城市、绿色低碳城市，不断提高城市数字化治理水平，以城市数字化整体转型带动治理能力现代化。形成一批可体验的示范应用场景，打造一批智慧标杆商圈和未来生活居住社区，包括国际科学家社区、TOD 社区等，实现"迈向最现代的未来之城"的总体目标愿景，依靠有竞争力的产业生态和便利的生活生态吸引和留住各类人才，尤其是青年科技人才。

二、五个新城更好实现自身定位的发展思路

（一）抓住战略机遇，增强创新策源能力

五个新城要抓住上海加快建设国际科创中心、国家大力建设长三角科创共同体等历史机遇，以世界级创新策源地为目标，围绕"策"和"源"，在形成核心能力和对外释放能量两个方向上多下功夫，以"源"促"策"、以"策"升"源"，做到"源""策"并举。

在原始创新能力形成方面，五个新城要充分发挥新城及周边高校与科研院所富集、原始创新能力强的优势，为其提供良好的生活设施与发展环境，支持其原始创新能力和核心技术攻关能力的提升；积极参与和支持国家实验室、长三角实验室等重大科技基础设施网络建设，为重大前沿科学问题突破、源头技术供给创造有利条件。

在关键核心技术攻关能力形成方面，五个新城要充分发挥国家

智能传感器创新中心、上海集成电路装备材料创新中心等重大功能平台优势，进一步加快国家技术创新中心、国家产业创新中心、国家临床医学研究中心等重大科技创新基地建设，策动各类创新主体协同开展关键核心技术攻关，在集成电路、生物医药、人工智能上海三大先导产业领域及重点科创产业领域突破一批关键核心技术，形成一批关键标准，解决产业核心难题，推动相关产业迈向价值链高端。

在创新策源能力向国内其他地区和城市输出方面，五个新城要充分利用区域内高校与科研机构富集优势，加强专业技术服务机构建设，通过"科技＋项目""科技＋人才""科技＋服务"等"科技＋"模式开展对外技术服务与交流，促进与国内其他地区的互动。

在创新策源能力的国际输出方面，五个新城要加强与虹桥国际枢纽、自贸试验区等国际合作窗口的对接，积极利用进博会、工博会、顶科论坛、浦江创新论坛等国际交流平台提升自身的知名度与影响力。努力"走出去"拓展创新飞地，举办高品质的国际创新创业活动，在吸引全球创新资源的同时，为上海高质量科技开放合作提供坚实支撑。

（二）注重融合共生，完善产业"两个生态"

五个新城在科创产业发展过程中，要从长三角"大生态"和五个新城"小生态"两个不同角度，做好以下文章。

从长三角产业创新生态系统的角度看，五个新城要更多从融合共生的视角出发布局相关产业，围绕"建链""强链""补链""延链""稳链"加强产业链互补和上下游分工合作，在产业链部分关键环节形成引领发展的技术创新能力，增强长三角重点产业链安全与韧性。

从五个新城科创产业发展各自的"小生态"角度看：

第一，在集成电路、生物医药、人工智能三个先导产业领域，五个新城的支柱产业与之高度重合。以集成电路产业为例，嘉定新城坐拥中国科学院上海微系统与信息技术研究所、国家智能传感器创新中心、上海集成电路装备材料创新中心、上海集成电路材料研究院等创新平台资源，正积极打造长三角新能源智能汽车"硅谷"，发展与汽车电子相关的集成电路、芯片、智能传感器等产业；南汇新城也通过引入中微半导体、微研院化合物等项目，建设"东方芯港"特色产业园区，围绕集成电路制造、核心装备、关键材料、高端芯片设计、集成电路贸易等产业领域，形成集成电路全产业链生态体系，打造千亿级集成电路产业。五个新城要充分发挥各自特色优势，在以上三个重点领域力争实现关键核心技术及其产业化突破，提升产业综合竞争力，占据产业链、创新链、价值链的高端环节，保障产业链和供应链安全稳定。事实上，这也是五个新城能够形成核心竞争力的根本所在。

第二，在新材料、新型信息基础设施、基础软件、智能网联汽车与新能源汽车、智能制造与机器人、航空航天、能源装备、海洋科技与工程装备等战略性新兴产业和优势领域，五个新城同样各有前瞻性布局。有的新城在部分科创产业上已有较好基础，如在航空航天产业，青浦新区重点建设北斗导航产业；南汇新城重点发展民用航空产业；松江新城重点发展卫星互联网产业集群。在智能网联汽车与新能源汽车领域，嘉定新城依托上海国际汽车城特色产业优势，重点发展汽车"新四化"、智能传感器相关产业；南汇新城围绕特斯拉、上汽荣威等龙头企业，积极打造智能新能源汽车产业，加速推动整车企业供应链国产化、本地化；奉贤新城支持汽车零部件企业转型升级，加快智能网联汽车及核心零部件产业集聚。在这些新兴产业领域，五个新城要重视发挥各自优势，在材料、装备、工艺等方面实现关键核心技术突破，努力建设一批产业协同创新基地与平台，引导这些产业快速发展。

第三，在脑机接口、自主智能无人系统、区块链技术、毫米微波雷达系统、氢能技术等战略前沿技术领域，五个新城要结合各自产业特点，跟踪这些领域最新进展与成果，积极为这些前沿技术领域的突破提供应用场景和产业资源对接，争取尽快实现这些前沿技术成果的转化落地，为科创产业增添更强劲的动能。

（三）发挥新城优势，引育各类科创人才

五个新城在发展战略性新兴产业和推进传统产业转型升级的过程中，对于各种类型各个层次的人才都会产生巨大需求。在发挥新城所在区域大学优势，大力建设长三角可持续发展研究院等人才培养平台的同时，必须用好各类人才政策，充分发挥"一城一名园"特色优势，通过强大的产业功能和良好的事业平台吸引人才，通过"水乡风、海湖韵"的新城印象、完善的居住与生活环境留住人才，让各类人才都愿意将五个新城作为创业、就业、生活的首选地。

（四）提升新城风貌，建设未来城市生活引领区

加强五个新城城市基础设施和公共服务配套设施建设，将智慧

交通、综合管廊、绿色建筑等技术应用到五个新城城市建设和更新中。以城市数字化转型带动治理能力提升，打造可以复制和推广的智慧社区样板示范以及提升人居生活质量的集成解决方案，让五个新城展现科技范，点旺烟火气，增强居民的归属感。

在数字智慧城市建设方面，五个新城要充分利用人工智能、5G、大数据等前沿技术，打造城市"数字底座"，探索智慧管廊系统、城市多领域协同与智慧管理系统等新技术和管理手段的应用。依托数字城市基础设施，推进智慧社区建设和管理，加强绿建技术在新城开发与建设中的运用。在新城开展自主协同智能交通系统应用示范，建设高品质交通基础设施。

在安全韧性城市建设方面，五个新城要面向自然灾害、事故灾难、公共卫生事件等各类城市安全风险，构建基于风险管理手段和数据智能相结合的城市安全与应急响应决策系统，精准感知城市运行风险，针对各类突发事件建立起敏捷、智能的应急处置机制，提升城市安全运行的风险防控能力及安全韧性。

在绿色低碳城市建设方面，要利用好五个新城自身的生态优势，营造良好的自然生态环境，积极参与长三角一体化主干能源互联网建设，支持绿色低碳能源技术的研发与应用。南汇新城要在临港新片区开展智慧城市能源微网示范工程的基础上，形成可复制推广的清洁能源综合应用新模式；青浦新城应发挥长三角一体化碳达峰碳中和示范区优势，探索新理念、新技术、新机制的应用，建设成为国内绿色生态发展的标杆。

第四节　政策建议

一、加强各类主体协调，做好各类规划对接

　　五个新城不是独立行政主体，其开发建设与管理主体涉及新城开发公司、园区、街镇管理体系等，还有诸多行政审批事项涉及市区两级的沟通协调与审批。在五个新城发展过程中，必须以智慧城市建设为抓手，以数智化赋能新城开发建设与管理，加强各类主体沟通协调，打破部门间壁垒，清除体制机制障碍，提升五个新城的管理与开发效能。

　　做好五个新城与《上海市国民经济和社会发展第十四个五年规划和二〇三五年远景目标纲要》《长三角科技创新共同体建设发展规划》等上位规划，以及《长三角生态绿色一体化发展示范区总体方案》《G60科创走廊（浙江段）规划》等专项规划的衔接工作。加强对《长三角G60科创走廊"十四五"先进制造业协同发展规划》等新发布产业专项规划的研究、对接与落地，发挥其自上而下的引导作用。编制五个新城科技创新发展专项规划，针对五个新城重点发展领域和重大科技问题，明确其在国际科创中心建设中的任务结构，落实规划实施的资源保障。

二、加强统筹部署，加快科创产业发展

　　考虑到五个新城的主导科创产业和优势战新产业都是上海重点发展的产业，同样也是事关国家战略安全、代表新一轮科技革命和

产业变革方向的关键领域，建议国家和上海市充分利用五个新城在这些科创产业领域的优势，加强统筹部署，做好产业发展的顶层设计。

在科创产业铸极方面，应支持嘉定新城智能新能源汽车产业、青浦新城卫星导航与位置服务、数字经济相关产业、松江新城工业互联网等产业、奉贤新城美丽健康产业、南汇新城集成电路、高端装备制造等产业提质升级。在五个新城建立各自科创主导产业大数据中心，为企业创新产品落地提供丰富应用场景和测试条件，助力五个新城抢占产业制高点，培育和吸引科创主导产业的头部企业、集聚长三角优质创新资源。

在新兴产业培育方面，五个新城要注重发挥区域内高校和科研机构优势，加强与上海张江、安徽合肥综合性国家科学中心等创新高地联动，积极参与自主智能无人系统、脑机接口、智能仿生、氢能技术、毫米微波雷达系统、6G等战略前沿技术领域的发展布局，依托相关领域的技术群体性突破，加快"研用产"一体化战略性新兴产业创新示范基地建设，抢占新兴产业集群发展先机。

在科创产业联动发展方面，五个新城都具备一定的区域创新禀赋，不仅要利用"近水楼台先得月"的优势，将科技创新成果快速就地转化成为新的生产力，还要依托长三角绿色生态一体化示范区、G60科创走廊、沪杭廊道、沪湖廊道、滨江沿海发展廊道等空间载体，加强与其他长三角城市联动，以科技领军企业为引领，以区域产业技术创新联盟、长三角产学研协同创新中心等特色园区和载体平台为支撑，建立高效的科技成果链式孵化体系、创新要素支撑体系和利益共享机制，共同打造具有辐射力与影响力的科创产业集群。

三、推动新城企业创新主体发展

五个新城要深度参与长三角国家技术创新中心等新型研发机构与产业功能平台共建，为区域内企业转型升级提供技术支撑。

加强龙头企业、大型国企的支撑引领和辐射带动作用。五个新城要积极吸引科创主导产业头部企业入驻，加强与全球科技领先企业的合作力度。鼓励龙头企业和大型国企参与新城开发建设，积极融入全球产业与创新网络。支持龙头企业和大型国企通过建立开放创新中心，发展开源创新、网络协同开发等模式，带动新城中小微企业开展协同创新，加快形成创新产业集群。

加大对初创企业的支持力度。提升五个新城企业孵化平台的数量与服务能级，探索建立面向新城科创主导产业的专业孵化器与概念验证平台，加快中试产业化基地建设，依托概念验证—孵化平台—中试基地—产业园区服务，建立起科技成果链式孵化体系，为初创企业提供集约化、专业化、社区化的创新创业环境，吸引全国乃至全球优质创新创业成果入孵。推进投孵联动等创投服务模式创新，鼓励知识产权质押、预期收益质押和数据驱动的科技金融服务发展，为中小企业提供更多具有针对性的融资服务产品。通过政府和国企首购订购支持，助力初创企业打开市场。

四、加大放权力度，发挥先行先试优势

借鉴上海市向浦东新区、临港新片区可复制放权模式。梳理五个新城在规划建设、产业发展、科技创新、公共服务等领域的管理事权

清单，根据五个新城特点将相应的行政审批权限下放，赋予新城发展更大职能权限。打造新城科创主导产业示范区，在示范区内实施更具突破性的差异化政策，助力五个新城集聚更多优质创新资源。在G60科创走廊、长三角生态绿色一体化发展示范区、自贸试验区建设过程中形成和实施的各项新政，争取在五个新城范围内同步先行先试。

随着国际科创中心建设步入内涵建设阶段，许多制约科创活动效能和影响创新要素跨区域流动共享的深层次矛盾将逐步显现出来。建议在五个新城建设一批科技创新"现实实验室"，在跨区域科技计划协调联动、跨区域开发管理与利益分配、财税与经济统计指标分配、科技成果链式孵化、数据和人才等战略资源跨区域流动、数据驱动的科技金融服务、企业信用增进机制等体制机制改革关键与前沿领域发挥"开路先锋"作用，加速科技创新体制机制改革创新，在对外输出科创产品与服务的过程中，破除行政壁垒，降低交易成本。

五、推进创新要素自由流动和开放共享

在人才资源方面，目前五个新城在人口导入数量上与规划目标还存在一定差距，在各类科创人才引进工作上也面临较为激烈的竞争。五个新城要在有基础、有优势、能突破的重点领域，系统解决科创人才及其团队的核心需求；市区两级政府在人才政策方面赋予五个新城更大的自主权，实施新一批先行先试人才举措，提振五个新城的人气与活力。五个新城要加强与新城内高校的产教融合，加强环大学知识经济圈与创新创业教育体系建设，实现产业链、创新链、人才链、教育链四链的深度融合，"创意—创造—创新—创业"的全过程贯通，

为新城发展提供高素质人才保障。随着长三角一体化各项改革向纵深推进，各类人才的跨区域流动与共享已变得更为便捷，"二次引进"等新的人才利用模式也应运而生，这为五个新城创造了良好的外部条件。五个新城除了要依靠科创产业基础实现有吸引力的就业岗位和职业生涯供给、加快新城基础设施和公共服务体系建设外，还要加大招才引智力度，围绕各自科创主导产业发展需要，建立紧缺人才目录并实行动态调整，对目录内人才的招引工作提供优先支持；要用足用好上海市和各区人才计划体系，并积极争取人才先行先试政策在新城全面铺开，创造人才政策红利；要鼓励企业与高校对接交流，设立产教融合平台，助力企业通过招聘毕业生、联合培养研究生、加强与高层次人才产学研合作等方式，培育、吸引和使用好各种类型的人才；要运用创新创业大赛、企业技术需求揭榜挂帅等机制吸引科研团队到新城创新创业；要强化人才服务保障，针对人才的不同需求提供国际化、个性化、差异化服务，优化各类人才落户审批流程，加大人才公寓等政策性居住载体供给，解决好子女就学托幼、家庭成员就医等问题，解决人才落户和生活的后顾之忧。

在金融创新资本与服务方面，五个新城应推进"投贷联动"等科创金融服务模式创新，借鉴"嘉昆太创新圈基金"模式，与周边区域共同设置新城科创基金，以市场化方式吸引社会资本参与，重点支持跨区域重点协作项目、科创合作项目、重点科创平台建设。松江和青浦新城还要充分利用好 G60 科创走廊科技成果转化基金、G60 科创走廊人工智能产业基金等基金资源的协同支持。

在数据共用共享方面，五个新城要破除区域及部门间的数据壁垒，以数智化为抓手推进治理能力现代化。主动加强与长三角城市数据标准化体系建设，共建数据开放"负面清单"与数据共享目录、数据运维使用制度及安全规范，推进跨区域、跨部门、跨系统、跨业务的数据和信息汇聚及应用，积极创建数据共用共享与交易场景，打造长三角数据资源流动共享的重要节点。

此外，五个新城还可以依托进博会、世界顶尖科学家社区、嘉定长三角科技成果交易博览会等重要平台，通过组织开展形式多样的创新主体跨界交流活动，促进各类科创资源流动，吸引和汇聚国际国内创新要素。

六、夯实合作基础，提高新城生活品质

在夯实跨区域科创合作基础方面，五个新城要加快构建"'五融'架构体系、'七可'数字底座、'八化'关键系统、'N 智'特色示范"的智能交通系统，进一步强化与上海市中心、张江科学城、五个新城的重点区域，以及长三角其他节点城市的连接，强化新城节点城市功能。要加快推进"一城一枢纽"规划建设，推进沪苏湖铁路、沪通二期等国铁和城际铁路建设，加强高速公路、轨道交通、城际铁路、高铁、中运量骨干公交系统等的布局建设，在新城内部补齐道路系统层次和功能短板，提升交通运行效率。

在基础设施体系建设方面，五个新城要积极提升城市的数字化和智慧水平，利用新一代信息技术，加快数字城市基础设施建设，探索智慧管廊系统、数字城市底座、城市多领域协同与智慧管理系统等新技术和管理手段的应用，提升新城的科技范；要构建风险管理手段和数据智能相结合的城市安全应急响应决策系统，建设水源、电源、气

源备份，增加城市的"安全冗余"，针对各类突发事件建立敏捷、智能的应急处置预案及响应机制，提升公众的安全感。

在公共服务体系建设方面，五个新城要继续大力推动医疗、教育、文化、养老、托育等优质公共服务资源的建设与运营。构建高标准的新城公共空间体系，建设一批高品质、特色化的商业载体和更多能够吸引年轻人的"好玩"场所，结合历史街区、城市生态景观、特色文化旅游资源等打造具有显示度的新城地标。建设一批智慧居住社区，完善"15分钟社区生活圈"。

在五个新城形象方面，五个新城大都具有良好的自然生态基底，要依托五个新城自身的"水乡风、海湖韵"，促进"教化嘉定""上海之源""贤文化"等传统文化资源与消费、贸易、科创、旅游、动漫等领域的融合，加强新城风貌设计，营造水乡风光与科技时尚相得益彰的"新城文化"和独一份的"新城印象"。

第七章
国际科创中心建设中上海国企功能保障作用

　　党的十八大以来，习近平总书记对国有企业地位、作用以及发展方向多次发表重要讲话，作出一系列重要指示。党的十八届三中全会指出，国有资本投资运营要服务于国家战略目标，更多投向关系国家安全、国民经济命脉的重要行业和关键领域，其中特别提及要重点支持科技进步。党的十九届四中、五中、六中全会均强调要"增强国有经济的竞争力、创新力、控制力、影响力、抗风险能力"（以下简称"五力"），其中国有经济影响力主要是指国有资本和国有企业的示范、引领、带动与导向作用及能力，体现国有经济在服务国家战略、发挥战略支撑作用及承担社会责任过程中所产生的积极影响和效果。[1]2022年，习近平总书记在党的二十大报告中提出，要"深化国资国企改革，加快国有经济布局优化和结构调整，推动国有资本和

---

[1]　李政：《新时代增强国有经济"五力"理论逻辑与基本路径》，《上海经济研究》2022年第1期。

国有企业做强做优做大，提升企业核心竞争力。完善中国特色现代企业制度，弘扬企业家精神，加快建设世界一流企业"。可以看出，国有企业在支持科技创新中要发挥主力军与保障者作用，成为新时代国有资本应该承担的历史使命。[1]

上海是国资重镇，在沪央企和地方国企贡献了全市 GDP 的近一半份额，相较于中小企业，上海国企在资本规模、技术力量、平台体系、数据信息、空间资源等方面都拥有无可比拟的优势。上海建设国际科技创新中心，必须依靠国企的力量，发挥国企的作用。在服务科创中心建设的过程中，国企扮演着"创新主力军"与"功能保障者"的双重角色：不仅要扛起"科技创新主力军"的大旗，在关键核心技术领域不断攻坚克难，更要发挥好功能保障作用，依托自身优势为广大中小企业和社会大众创新"保驾护航"。

"十三五"以来，上海国资国企有意识地承担起科技创新"双重角色"，在优化国资布局、促进协同创新、推动产业发展及激发人才活力等方面不遗余力，服务国际科创中心建设成效初显，发挥了不可替代的作用。然而，上海国企在基础研究投入、国资运营效率、企业创新效率及国企土地利用效率等方面，还有很大的提升空间。面向"十四五"，上海国企应根据党中央对国有经济发展目标的"五力"要求，依托自身优势与资源，努力推动关键共性技术攻关，提升国资管理的效率与质量，逐步开放公共数据及准公共数据资源，加快推进低效土地"腾笼换鸟"，充分释放国企高水平科

---

[1] 罗新宇、马丽、周天翔、王廷煜：《国有资本服务科技创新的探索与思考》，《中国企业改革发展 2020 蓝皮书》，2020 年 1 月出版。

技人才的创新能量，为上海建设国际科创中心提供强有力的支持与保障。

第一节　上海国企基本情况分析

一、上海国企发展概况

上海是全国国有企业和国有经济的重镇，国企体量大、占比高，在上海经济社会发展中的地位举足轻重。上海市统计局历年发布的国民经济和社会发展统计公报及上海市国资委官网数据表明，上海公有制经济增加值占全市 GDP 的比重从 2014 年起基本稳定在 48.5% 左右，近两年虽略微下降，但在全市经济中占比仍接近一半。其中，地方国有经济 GDP 的比重近两年有所上升，约占 30.4%，如图 7-1 所示。

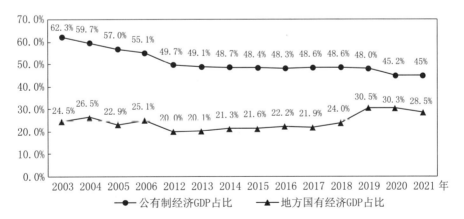

图 7-1　上海公有制经济 GDP 占比及地方国有经济 GDP 占比

资料来源：上海市国资委官网、上海市统计局。

上海国有企业众多，本书研究所涉及的国有企业具体包括总部在上海的 7 家央企和上海市国资委管理的 44 家市属国企，具体情况如表 7-1 所示。

表 7-1　本书涉及的上海国有企业

类　　型			企业名称
总部在沪央企（7 家）			中国宝武、中国远洋海运集团、中国东方航空集团、中国商飞、中国船舶集团、交通银行股份有限公司、中国电气装备集团
地方国企	市属国企（44 家）	功能保障类（16 家）	国际集团、国盛集团、国投公司、机场集团、临港集团、地产集团、城投集团、久事集团、申通地铁集团、申迪集团、联合投资公司、上海联交所、长三角投资公司、科创集团、农投集团、东方枢纽集团
		金融服务类（6 家）	中国太保、浦发银行、上海银行、上海农商银行、国泰君安、海通证券
		市场竞争类（22 家）	上汽集团、上海电气、华谊集团、上实集团、上港集团、申能集团、上海建工、上海仪电、光明食品集团、隧道股份、华建集团、百联集团、锦江国际集团、华虹集团、东方国际、上咨集团、绿地集团、市供销社、上海联社、数据集团、东浩兰生、上海建科集团

数据来源：上海市国资委官网，截至 2023 年 8 月。

二、国企推动上海国际科创中心建设的功能保障作用机制

企业是科技创新的主体，占据上海近半经济份额的国有企业，

更应成为上海国际科创中心建设必须依靠的重要力量。一方面，国有企业要提高自身的科技创新能力，引领关键核心技术攻关，扛起科技创新主力军的旗帜；另一方面，国有企业还要依托科技创新资源集聚优势，承担起为其他创新主体提供功能保障的责任，为中小企业创新、为全社会创新提供各种支持，营造出千帆竞发的社会创新氛围。只有激活全社会的创新力量，上海才能更快更好地建设科创中心，走出一条具有时代特征、中国特色、上海特点的创新驱动发展新路。

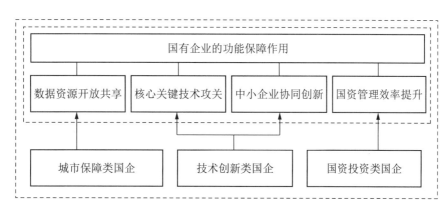

图 7-2　国企推动上海科创中心建设的功能保障作用机制

上海国企的核心业务涉及公共服务、现代物流、区域与房地产开发、建筑、电子信息、汽车、生物医药、国资投资管理等方面，企业核心业务不同，其能够发挥的功能保障作用也各不相同，如图7-2所示。涉及城市保障功能的交通、水务、电力、燃气、通信等国有企业，掌握着海量的城市运营数据资源，这类企业可以在数据开放共享方面发挥作用。城市大数据具有潜力巨大的创新价值，开放数据共享、拓展数据应用场景，能够激发出更多的创新动力、机会及条件，在数字经济的各个环节催生更多的创新服务和应用。技术创新型国有企业本身拥有强大的科技创新能力，可以从技术攻关和协同创新两个方面提供保障：一方面，可以汇集各方面力量提升关键核心技术攻关能力，从"做大"迈向"做强"；另一方面，可以推动与中小微企业的协同创新，形成良好的产业创新生态，从而带动科技型中小企业成长。国有资本投资运营类企业，管理着大量国有资本，能够从提高国资运营效率、优化国资布局结构、保持国有经济对战略性行业、领域的影响力和控制力等方面为科创中心建设提供资金保障，充分发挥国资撬动社会资本的"杠杆效应"，同时激发社会创新力量的"鲶鱼效应"。

三、国企推动上海国际科创中心建设的功能保障优势

1. 资本规模优势

上海国有资本较为雄厚、资金充足，在资本规模上拥有较为显著的优势。据上海市国资委官网发布的数据显示，截至 2020 年底，上海地方国企资产总额增加至 24.6 万亿元，同比增长 12.1%，实现 104% 的本地国企平均国资保值增值率。上海市国资委系统企业资产总额、营业收入、利润总额等主要经济指标持续居于全国首位，全系统境外资产总额继续保持增长。庞大的资金规模使得国企具有更强的科技研发和投资实力，能够承担更大的风险，从而有力推动相关产业的技术进步和转型升级。因此，相较于社会资本，国有企业有实力也更有责任服务于科技创新，雄厚的国有资本可以转化为科创中心建设的重要支撑力量。

2. 技术力量优势

上海国企拥有较强的技术创新能力和较为丰富的科技人才资源。首先，上海国企掌握了一批全国甚至世界领先的创新产品与核心技术，譬如上海电气集团的重型燃气轮机、上汽的新能源汽车三电核心技术、上海华虹的集成电路技术等；其次，上海国企研发投入较大，并形成了一定的成果转化能力。据《2020市国资委系统企业创新发展报告》数据显示，2019年上海市国资委系统企业R&D支出达到576亿元，占全市研发总支出的近38%；国资系统企业全年完成3000多个科技成果转化项目，新产品销售收入近8000亿元，转化效益明显。目前，上海国企拥有一支较为强大的人才队伍，共有国家和市级技能大师工作站68个、市级首席技师工作站208个、博士后工作站25个、国家和市级工程（技术）研究中心90个、国家和市级实验室8个。上海国资系统拥有两院院士6名、入选国家万人计划3名、国家百千万人才工程7名、政府特殊津贴获得者600余名、上海市领军人才155名、上海市青年拔尖人才20名。上海国企已形成引领关键核心技术攻关以及为中小企业提供技术支持的能力。

3. 平台体系优势

上海国企拥有众多科技创新的功能性平台，包括研发机构、合作研发中心、科技成果转化平台、众创空间和孵化器等。《2020市国资委系统企业创新发展报告》指出，截至2019年年底，上海市国资系统共计拥有7家中央研究院，43个国家级和216个市级的实验室、工程（技术）研究中心和企业技术中心，并牵头或参与组建101个产业技术创新联盟、26个博士后科研流动站和22家市级院士专家工作站。《2021 中国高技术产业统计年鉴》数据显示，上海市 2020 年高技术产业领域拥有研发机构的国有及国有控股企业数为 38 家，机构总数 46 个，居于全国前列。这些功能性平台如果能够有效开放，可以为各类创新主体共同建设科创中心提供施展才能的舞台，从而将分散的社会创新力量有效地集聚起来，并释放其能量，进而提升上海科技创新的整体效率。

4. 数据信息优势

国企作为上海经济发展的中坚力量，覆盖了保障城市基本运行的几乎所有重要行业领域。譬如申能集团的核心业务之一为电力、燃气等能源产品的生产与供应；申通地铁集团负责轨道交通的建设和运营；城投集团涉及水务等的运营管理。国企在运营过程中产生并积累了海量数据，且增速极快。海量的数据资源不仅是促进企业未来发展的核心财富，也是推动社会创新发展的重要资源，蕴含无限的创新价值。进一步加快数据共享、拓展数据应用场景，能够为全社会创新创造更多的机会及条件，从而为上海科创中心建设不断提供新的动力与活力。

5. 空间资源优势

土地是上海发展面临的一大资源瓶颈，当前上海建设用地规模已接近"天花板"，拓展空间有限。在建设国际科创中心的背景下，上海城市用地需求旺盛、供给有限，存量土地资源的优化配置成为必然选择。2014 年上海市国资监管部门对国企旗下土地资源的统计数据显示，土地总量达 100 多万亩，约合 700 平方公里，占上海市域面积的 11%，存量土地资源较为可观，可以为科技创新活动的开展提供载体支持，为科创中心建设提供更多的空间保障。

第二节　国企在上海国际科创中心建设中发挥功能保障作用的成效与不足

一、国企在上海国际科创中心建设中发挥功能保障作用的成效

1. 不断强化政策保障

2014 年，习近平总书记提出，上海要"加快向具有全球影响力的科技创新中心进军"。上海先后出台《关于加快建设具有全球影响力的科技创新中心的意见》《关于进一步深化科技体制机制改革增强科技创新中心策源能力的意见》《上海市推进科技创新中心建设条例》等重要文件及配套政策，形成了上海科创中心建设的政策体系。其中不乏针对国企的相关政策条款，涉及国企采购、经营业绩考核、激励机制及国资创投管理等方面内容。根据政策要求，上海国资委也相继出台更为具体的实施方案，为国企投身上海科创中心建设提供了有力支撑。具体政策内容如图 7-3 所示。

2. 提高国有资本运营效率

国资监管从"管人管事管企业"向"管资本"转变。2014 年，上海打造国际集团和国盛集团两大国资流动平台；2014 年，上海科投和上海创投战略重组成立上海科创集团，成为上海乃至全国最大的国有创投机构，并被认为是"专门为上海建设科创中心而设"的机构。2020 年，上海国投公司获批筹建，构建了"金融投资＋实体投资＋资本运营"的国有资本投资、运营新格局。上海的国资投资与运营机构在推动区域产业升级发展和经济结构调整中，发挥了

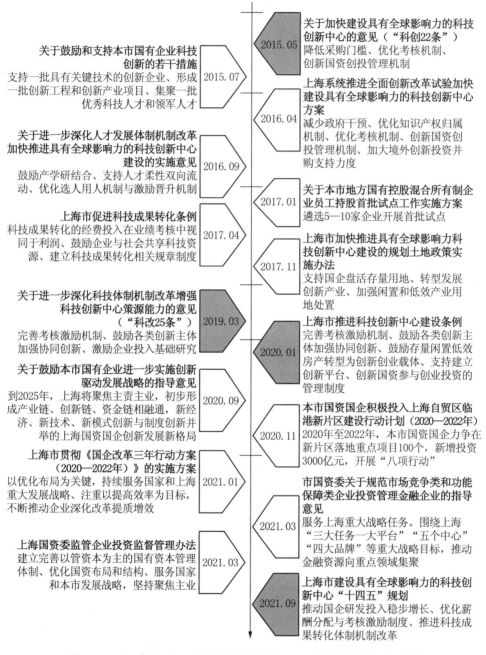

关于鼓励和支持本市国有企业科技
创新的若干措施
支持一批具有关键技术的创新企业、形成
一批创新工程和创新产业项目、集聚一批
优秀科技人才和领军人才
2015.07

关于进一步深化人才发展体制机制改革
加快推进具有全球影响力的科技创新中心
建设的实施意见
鼓励产学研结合、支持人才柔性双向流
动、优化选人用人机制与激励晋升机制
2016.09

上海市促进科技成果转化条例
科技成果转化的经费投入在业绩考核中视
同于利润、鼓励企业与社会共享科技资
源、建立科技成果转化相关规章制度
2017.04

关于进一步深化科技体制机制改革增强
科技创新中心策源能力的意见
（"科改25条"）
完善考核激励机制、鼓励各类创新主体
加强协同创新、激励企业投入基础研究
2019.03

关于鼓励本市国有企业进一步实施创新
驱动发展战略的指导意见
到2025年，上海将聚焦主责主业，初步形
成产业链、创新链、资金链相融通，新经
济、新技术、新模式创新与制度创新并
举的上海国资国企创新发展新格局
2020.09

上海市贯彻《国企改革三年行动方案
（2020—2022年）》的实施方案
以优化布局为关键，持续服务国家和上海
重大发展战略、注重以提高效率为目标，
不断推动企业深化改革提质增效
2021.01

上海国资委监管企业投资监督管理办法
建立完善以管资本为主的国有资本管理
体制、优化国资布局和结构、服务国家
和本市发展战略，坚持聚焦主业
2021.03

2015.05
关于加快建设具有全球影响力的科技
创新中心的意见（"科创22条"）
降低采购门槛、优化考核机制、
创新国资创投管理机制

2016.04
上海系统推进全面创新改革试验加快
建设具有全球影响力的科技创新中心
方案
减少政府干预、优化知识产权归属
机制、优化考核机制、创新国资创
投管理机制、加大境外创新投资并
购支持力度

2017.01
关于本市地方国有控股混合所有制企
业员工持股首批试点工作实施方案
遴选5—10家企业开展首批试点

2017.11
上海市加快推进具有全球影响力科
技创新中心建设的规划土地政策实
施办法
支持国企盘活存量用地、转型发展
创新产业、加强闲置和低效产业用
地处置

2020.01
上海市推进科技创新中心建设条例
完善考核激励机制、鼓励各类创新主
体加强协同创新、鼓励存量闲置低效
房产转型为创新创业载体、支持建立
创新平台、创新国资参与创业投资的
管理制度

2020.11
本市国资国企积极投入上海自贸区临
港新片区建设行动计划（2020—2022年）
2020年至2022年，本市国资国力争在
新片区落地重点项目100个，新增投资
3000亿元，开展"八项行动"

2021.03
市国资委关于规范市场竞争类和功能
保障类企业投资管理金融企业的指导
意见
服务上海重大战略任务。围绕上海
"三大任务一大平台""五个中心"
"四大品牌"等重大战略目标，推动
金融资源向重点领域集聚

2021.09
上海市建设具有全球影响力的科技创
新中心"十四五"规划
推动国企研发投入稳步增长、优化薪
酬分配与考核激励制度、推进科技成
果转化体制机制改革

图 7-3　2015 年以来上海国企推动科创中心建设的政策制度保障

资料来源：作者自行整理。

"四两拨千斤"的战略导向作用，实现了国资保值增值"放大器"的功能。

积极推动国有企业上市发展，提高国有资本证券化水平。目前，上海国资委所监管的90%的市场竞争类和全部金融服务类企业已经实现整体上市或核心业务资产上市，地方国有控股境内外上市公司达90家、总市值2.5万亿元、国有股市值超过1万亿元；上海市国资国企发展"十四五"规划中提出，到2025年上海将新增国有控股上市公司20余家。国有企业与资本市场的良性互动是推动国企改革、激发国企活力的重要途径，有利于国企对上海国际科创中心建设功能保障作用的发挥。

3. 优化国有资本战略布局

国资布局不断优化，创新投入持续增加。《国企改革三年行动方案（2020—2022年）》显示，目前上海国资在战略性新兴产业、先进制造业、现代服务业、基础设施和民生保障等四大关键领域的集中度已超过85%。《上海市人民政府关于2019年度国有资产管理情况的综合报告》中指出，2019年上海统筹安排40亿元国资收益支持国家战略和战略性新兴产业领域项目，企业集团战略性重大项目投资金额近3000亿元，占全部投资额的46.35%。2020年发布的《关于鼓励本市国有企业进一步实施创新驱动发展战略的指导意见》要求，"十四五"期间上海市国企创新投入累计不低于3000亿元。2021年上海市国资国企发展"十四五"规划中也要求上海国资新增投资在重要行业和关键领域的集聚度超过90%。

创新投入体系不断完善，国资创新基金成效明显。上海国资基金在数量、规模和投资质量等方面均交出较为理想的答卷。在数量上，上海市属国资参与投资的创新类私募股权基金329个，其中超过70%的基金由市属国资作为有限合伙人参与；在规模上，基金规模近4900亿元，其中市属国资实际投资金额近520亿元，占比约为10%；在质量上，一方面，国资基金群在2020年投资培育了6家企业实现科创板上市，"十四五"期间预期孵化科创板上市企业15—20家；另一方面，《2020市国资委系统企业创新发展报告》显示，上海市属国资以基金方式参与的投资创新类项目覆盖了九大领域，其中集成电路、生物医药、人工智能三大先导产业投资金额占比69%，与上海的创新发展战略契合度较高。与此同时，上海各大龙头国企积极牵头设立各类创新基金。由上海国际集团牵头设立的上海科创基金以服务上海科创中心建设为使命，重点关注信息技术、生物医药、先进制造和环保新能源等战略性新兴产业，截至目前已投资决策子基金超过30支，投资规模超过350亿元，并于2019年入选清科"中国私募股权投资市场机构有限合伙人30强"；作为上实集团创投基金化运作平台的国际创投，同样也为优化国资布局、支持科技型中小企业发展做出较大贡献，并在2019年第二次获得"中国风险投资年度大奖·金投奖"。

4. 推动产业集群加速形成

国有企业利用自身技术、人才、资金优势，发挥主体带动作用，积极推动高端产业集群的形成。2020年，上海市国资委发布《本市国资国企积极投入上海自贸区临港新片区建设行动计划（2020—2022年）》，提出2020年至2022年，上海市国资国企力争在新片区落地重点项目100个，新增投资3000亿元；由上海地产集团携手上海交通大学、闵行区人民政府三方合作共建的零号湾全球创新创业集聚区，自 2015 年成立以来，创新创业孵化成绩显著，逐步形成以交大闵行校区为核心的创新创业集聚高地。目前，零号湾入驻项目超过 800 个，在孵企业超过 600 家，高新技术企业 33 家，在孵企业拥有知识产权数超过 380 件。上海地产集团下属闵联临港园区作为"东方芯港"的重要组成部分，全力打造新片区集成电路装备与材料产业集群，目前已集聚多家集成电路龙头企业，逐步形成覆盖装备、材料以及制造等核心链条的产业集群。由临港集团于 2016 年开始打造的智创 TOP 产城综合体，以"人工智能特色产业集聚区"为发展定位，目前已有中以（上海）创新园、亚洲最大建筑防水龙头企业——东方雨虹集团等落户。2020 年，上汽联创智能网联创新中心开工，将聚焦智能网联汽车领域，提供孵化加速器服务，通过集聚智能网联汽车电子全产业链科技企业，全力打造智能网联技术"全球新高地"。

5. 激发科技人才创新活力

企业家和领军人才是科技创新的关键力量。上海国企人才济济，充分激发其创新活力与动力，能够有效推动国企高质量发展，进而对上海科创中心建设产生巨大的正向效应。上海国企不断探索人才激励制度改革，以激发科技人才的创新活力。在政策措施方面，早在 2013 年，上海"国资国企改革 20 条"中就提出实行股权激励、推行职业经理人制度等人才激励举措；2017 年，上海市国资委发布《关于本市地方国有控股混合所有制企业员工持股首批试点工作实施方案》，提出将遴选 5 到 10 家符合条件的国企展开员工持股试点工作；2019 年，上海市在人才评价、创业投资、法制建设、股权激励等方面推出一系列政策，以策应科技创新中心建设。在激励成效方面，截至 2019 年 8 月，已有 85% 的市属竞争类国企通过制定上市公司股权激励、职业经理人制度、科技成果转化收益分配等激励推进方案，有效激发了企业科技人才的活力；截至 2021 年，已有 17 家企业完成了职业经理人薪酬制度改革，系统内企业累计实施股权激励、分红激励等 81 例。在容错方面，上海国企内部普遍秉承宽容失败的态度，客观原因导致的失败一般不对成员追责，保护了科技人才的创新积极性。

二、国企在上海国际科创中心建设中发挥功能保障作用的不足

1. 国资创投引导新兴产业发展的能力有待增强

一是国资创投机构及政府引导基金发展相对滞后。一方面，上海国资创投运营效率不高。2017 年全国地方国资创投管理资本总额前 4 位分别为北京、江苏、广东、浙江，其中北京以 1794.70 亿元居首，远高于第 7 位的上海 365.02 亿元。此外，清科集团近 5 年公布的"中国创业投资机构 50 强"名单中尚未出现过上海国资创投的身影。相比之下，深创投连续多年位居榜单前三甲。另一方面，上海的政府引导基金发展缓慢。清科集团公布的数据显示，截至 2021 年，上海引导基金数量和基金规模分别为 38 支和 2961 亿元，其中基金数量仅位列全国第 18 位，和第一名江苏的 224 支、4564 亿元有较大差距。

二是国资布局结构较为传统，对于重要行业和关键领域的引导力有待提升。作为国资高质量发展动力支撑的战略性新兴产业布局不

多，新兴行业领域的龙头国企数量较少。譬如，进入 2021 年《财富》
世界 500 强的 8 家上海国企（中远海运集团、中国宝钢集团、上汽集
团、绿地集团、中国太保、浦发银行、上海建工、上海医药），大都
属于传统产业范畴。就整体而言，面向战略性新兴产业的科技研发、
技术服务及智能制造等关键领域存在明显缺失，非金融类现代服务业
的优势仍不显著。

2. 基础研究投入力度偏弱，关键共性技术攻关的底气不足

国有企业承担着重要的社会责任，但也有利税考核的要求。由于
基础研究与共性技术开发具有不能直接转化为产业盈利、企业无法独
占效益、不确定性与风险较高等特点，国有企业的参与动力不足。一
方面，从不同主体基础研究投入量的比较来看，2019 年上海市企业
R&D 经费支出占全市 R&D 经费支出的 62.84%，是研发经费的主要
承担者，如图 7-4 所示，但其支持基础研究的经费却极低，在上海市
全部基础研究投入中仅占 0.27%，如图 7-5 所示，国企对于基础研究
的投入明显不足。

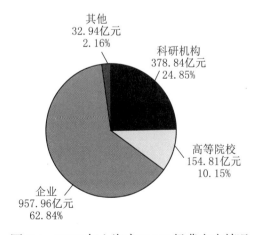

图 7-4 2019 年上海市 R&D 经费支出情况

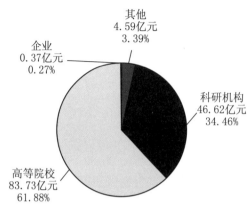

图 7-5　2019 年上海市基础研究经费支出情况

数据来源：2020 年上海统计年鉴。

　　另一方面，从企业 R&D 经费支出结构看，上海企业的研发经费支出绝大部分用在应用研究和试验发展方面，对于基础研究的投入力度严重不足，如表 7-2 所示。虽然 2020 年上海企业基础研究投入有所增加，但总体来说仍处于较低水平。由此可见，包括国企在内的上海企业在基础性共性技术研究方面还有很大的挖潜空间。

表 7-2　2011—2021 年上海市规模以上工业企业 R&D 经费支出结构

类别 年份	基础研究 （亿元）	应用研究 （亿元）	试验发展 （亿元）	基础研究投入占全部 R&D 经费（％）
2011	0.01	12.40	331.36	0.00%
2012	0.00	3.24	368.27	0.00%
2013	0.12	0.72	403.94	0.03%
2014	0.17	2.33	446.71	0.04%
2015	0.07	4.47	469.71	0.01%
2016	0.06	4.86	485.34	0.01%
2017	0.09	1.97	537.93	0.02%
2018	0.27	7.25	547.35	0.05%
2019	0.37	5.34	584.94	0.06%
2020	0.84	7.20	626.97	0.13%
2021	1.00	9.80	687.52	0.14%

数据来源：2022 年上海统计年鉴。

3. 国企创新效率不高，科技创新动力有待激发

一是国有企业创新效率不高。以 2019 年上海与广东的国企专利申请效率比较为例，《2020 年中国高技术产业统计年鉴》以及广东、上海国资委官网发布的数据显示：2019 年上海和广东的国有及国有控股企业高技术产业专利申请数分别为 2748 项和 7648 项，上海市属和广东省属国有企业资产总额分别为 21.9 万亿元和 17.9 万亿元。由此可见，广东以较低的国资存量产出了更多的专利，上海国企的创新效率仍有较大提升空间。

二是国有企业的考核与激励机制不够完善，导致科技创新动力不足。考核方面，科技创新类考核指标设置的考核期较短，未考虑部分承担着政府科研任务的国企，这会对企业开展基础研究的积极性产生消极影响；另外，考核指标多以结果为导向，忽略了创新的长期性与过程性特点，可能导致企业员工创新动力的消退。激励方面，上海国企在股权激励计划中普遍不太重视创新型指标的设置和考核，相关指标较少，且形式单一。此外，一部分国企为了避免失败带来的成本与业绩压力，往往选择投入中短期项目，很少有针对研发项目特点的中长期激励，在一定程度上挫伤了企业员工的创新积极性。

4. 国企土地存量尚未摸清，低效闲置用地有待盘活

国有土地资源管理对于建设用地极其紧缺的上海而言尤为关键，如果能够将这些土地转化成为支持创新创业活动的载体，那么将在上海科创中心建设中发挥巨大的保障支持作用。然而，上海国企土地资源管理仍存在着数据不透明、利用效率不高、权属结构混乱等问题。首先，上海国企旗下所拥有的土地情况尚待摸清，这是提高土地利用效率所面临的第一重难关。一方面，上海尚未对国有土地进行全面排

查，也没有建立起统一的土地数据管理系统，尚无法实现对市内国有土地资源存量的全面把握与有效监管；另一方面，上海国企众多，旗下土地数量多且分布散，甚至存在部分国企对自己所拥有的土地情况尚不明晰的情况，加大了上海国有土地数据管理的困难。此外，部分上海国企旗下土地的利用效率不高。部分国有土地由于与城市产业发展导向不符、处于转型发展规划阶段而被闲置。譬如，上海金山化工区处于由传统化工产业向新兴产业转型升级阶段，有大量工业厂房尚未被利用。未来，盘活优化国资国企存量地产、积极探索提升土地利用效率的创新之道，将是上海国资国企面临的重大课题。

第三节　进一步发挥国企在上海国际科创中心建设中功能保障作用的建议

一、提高国资创投运营效率，充分激发国资创新创业投资活力

首先是强化立法保障，创新国资创投监管和考核模式。目前国内创投行业的法律法规体系尚不完善，导致国资管理部门在处理实际问题时无据可依，也使得国资创投机构在发生国资损失时面临巨大的审计责任压力。因此，上海可以在浦东新区等有条件的地区开展立法试点工作，为国资创投企业营造"鼓励创新、宽容失败"的良性环境。另外，政府部门应努力与时俱进，用创新的思维模式实施监管，在"募投管退"全流程中进行动态监管制度设计的改革探索，以改变国

资固有的惰性和中庸。譬如，允许符合条件的国资创投企业在国有资产评估中使用估值报告，实行事后备案；对已投资项目发生的非同比例增减资，将审批权下放到国资创投企业或其母公司等。

其次是践行混合所有制改革，完善国资创投治理机制。混合所有制可以改变国有企业作为单一经济利益载体的格局，有助于国资产权人格化的实现，也有利于推动国有资产监管从"管资产"向"管资本"转变，提高国资创投企业的竞争力。另外，对于国资创投企业而言，应建立更具弹性、更富活力的董事会治理机制，包括引入行业内的专业化人士作为外部董事，在内部建立投资决策委员会和团队合伙人体制，以便更好发挥相互制衡和科学决策功能。

最后是突出市场化和专业化导向，健全激励约束机制。对于国资创投机构而言，可以采用项目跟投机制、基金和项目收益分成两种市场化激励方式。譬如，建立跟投机制可以将投资经理的激励和约束相统一，有利于调动投资经理的积极性。此外，随着市场化改革的不断深化，国资创投机构也可以作为竞争主体，采用"委托—管理"的形式承接政府工作，收取必要的管理费用，从而解决部分国资创投机构政企不分的问题。

二、加大基础研究投入，推动关键技术和共性技术攻关

基础研究是科技创新的源头活水，在科技自立自强方面具有深远意义。持续加强基础研究是上海建设国际科创中心的重要任务和必经之路。首先，国企应当深刻认识到自身所承担的社会责任，在聚焦主业的同时强化大局意识。数据显示，高校与科研机构承担了

上海 96% 的基础研究经费（见图 7-5），基础研究多元投入机制中企业的主体作用基本没有发挥。作为中坚力量，国企理应承担起相应的使命和责任，进一步加大基础研究投入，为关键核心技术领域的攻坚克难做出应有贡献。其次，国资管理部门可以根据不同类型国企的特点进行基础研究的科学布局。譬如，支持一部分有相应条件和能力的国企，重点开展特定领域的基础研究，集中力量打歼灭战，提升创新突破的速度与效率；尚不具备相应条件和能力的国企则可通过共同设立基础研究基金，对开展基础研究的企业进行必要支持，或用于与高校、研究机构合作创立基础研究机构，专注于某些重要领域的应用基础研究。在这个过程中，要注重统筹，避免因重复研究而造成人才、资金等重要资源的浪费。最后，国企可以与民营企业进行合作。国企负责开展技术研发及提供技术成果，民企负责推动技术转移并实现成果产业化，以此形成多种资本共同作用、各类市场主体共同参与的局面。

三、推进平台体系建设，营造多主体参与的协同创新 生态

社会创新力量相较于建制性科技力量，相对分散但潜力巨大。上海国企应该在集聚社会创新力量，促进其能量释放方面发挥重要作用。首先，国企可以依托所处的行业龙头位置，主动联合高校、科研院所及行业内的科技领军企业，共同搭建共性技术研发、数据和信息共享、产学研合作、企业孵化、投融资服务等开放型功能性平台，营造多主体协同创新的良好生态，发展众创、众包、众扶、众筹等新模

式，加强在关键技术研发攻关、产业链"强链""补链"方面与中小企业及社会创新力量的互动合作。其次，国有企业要主动与高校、科研院所建立稳定的合作机制，推动产学研融合。高校和科研院所是科创中心建设的主力军，国企应当利用其资本与技术优势为高校和科研院所提供资金和平台支持，共建企业主导的产学研协同创新平台，共同开展高水平科研活动，培育高水平科技人才，并且促进科研人员的交流互动，以此打通技术创新的上、中、下游，推动产学研主体形成创新合力。

四、提升数据治理水平，推动数据开放共享

数据是重要的新型科技创新资源，促进数据资源向社会开放共享能够有效提升科技创新的效率与水平。上海国企掌握着海量具有公共属性的数据资源，具有潜在的巨大创新价值，在保障社会安全、商业机密及个人隐私的前提下，如果将这些公共数据和准公共数据资源活化，可以在很大程度上为创新赋能。国企要更好地实现数据开放共享，首先要形成数据治理的意识，建立符合行业特征的企业内部数据采集、整理和使用的标准与规范，逐步实现企业对数据的统一管理与质量把控，加快企业数字化进程，这不仅能增强企业的数据开放能力，也能够保障共享数据的质量和可用性。其次，制定数据开放的实施计划与开放标准，包括数据开放机制、重点开放领域、数据开放风险评估及实施步骤等，在保证数据安全与个人隐私的前提下适度、合理地跨部门分享和向社会开放。最后，企业可以积极入驻已有的或者搭建新的数据开放门户网站，及时上传和更新相应的数据和信息，实

现公共数据和准公共数据资源向全社会的开放与共享。

数据开放后的数据应用是释放数据潜在创新价值的关键环节。国企在做好数据开放工作的基础上，可以通过举办数据应用大赛等方式推动其他企业或个人对数据的开发和应用，促进国企与社会创新力量之间的良性互动，形成"开放数据＋创造价值"的国企数据开放生态圈，不断提升共享数据的价值。

五、盘活低效闲置土地，为科技创新提供空间和载体支持

上海国际科创中心建设离不开空间资源的保障。上海土地资源极为稀缺，存量土地的转型增效成为未来发展的主基调。对于上海国企而言，应加快土地资源盘点工作、推进土地盘活的相关政策落地落实、加快低效用地转型，为科创中心建设提供有力的空间和载体保障。

首先，加快盘点国企土地资源。统计部门应加快全面摸排上海国企土地存量及使用情况，构建国企土地信息管理系统，实现土地智能实时监管与信息互联互通共享。对国企来说，应积极配合摸排调查工作，主动对旗下土地进行梳理和上报，提高土地盘点工作的效率。其次，调动国企盘活存量土地的积极性。国资管理部门可以探索符合实际情况的激励机制。对大型市属国企及在沪央企，由各区会同相关国企协商整体改造或开发方案，并提供相应的政策支持和条件保障，从而增强国企盘活存量土地的意愿。对于期冀未来增值收益且有意"捂地"的国企，政府需要创新现有土地收储制度，避免"一收了之"，运用创新性的手段确保原土地所有权人的相关权益。最后，科学规

划，统筹优化国企存量土地。对国企低效闲置土地进行合理分类，基于对不同区域优势特点和产业发展方向的分析，秉持因地制宜的原则，有针对性地制定存量土地再开发方案。进一步加快落后产业转型升级的规划工作，为战略性新兴产业和未来产业的发展腾出空间。

六、发挥国企人才集聚优势，探索创新扩散新机制

20世纪80年代，一部分来自上海科研院所及大型国企的技术和管理人才，利用周末空余时间，为上海周边地区的民营及乡镇企业提供技术指导与经验传授，解决了众多企业生产经营中遇到的技术难题，提高了企业生产效率。"星期日工程师"在很大程度上促进了上海生产技术、管理经验向周边地区的转移扩散，推动了这些区域的经济社会发展。周边地区的快速发展，反过来也支撑了上海的改革开放。

在新发展背景下，上海国企可以利用自身技术人才集聚的优势，探索新时代的"星期日工程师"机制，将国企的技术力量和管理经验转化为所在行业中小企业成长的助推力量。首先，国企应当鼓励与引导科技人才利用自身优势与经验，助力产业链上中小企业的创新发展。一方面应建立相应的引导和激励机制，保障参与者的合法权益，提高其流动意愿。另一方面国企要充分考虑并积极解决人才合作中保险、工作和生活条件保障等方面的问题。通过签订三方协议的方式保障各方权益，消除参与者的顾虑。其次，国企要建立合理的人才合作协调机制，加强与承接单位之间的沟通与协调，提高工作效率。可以建立"人才合作信息交流平台"，为供需双方提供信息共享与管理服务，降低沟通成本，实现人才技能与企业需求的高效匹配。

第八章
技术快速迭代背景下科技伦理风险控制及制度供给策略

　　技术快速迭代背景下，科技创新的特征及内外部环境发生剧烈变化，为上海建设国际科创中心不断带来新的机遇和挑战。其中，科技伦理风险控制是新形势下科技创新治理的重要研究课题，2019年7月，国家科技伦理委员会组建，标志着科技伦理治理的新进展，也意味着相关机制、政策、法律体系建设将逐渐步入正轨，成为上海国际科创中心建设需重点考量的制度提升方向。本章研究按照"新导向—新需求—新困境—新路径"的研究思路，通过对技术快速迭代这一重要背景进行解析，深化认识科技创新内外部环境的变化趋势，明确上海国际科创中心建设的新目标导向；通过对科技伦理的概念内涵及外延进行界定，识别和研判当前及未来上海国际科创中心建设面对的潜在科技伦理风险，进一步明确风险控制的新需求；通过分析具体新兴技术领域的治理现状，切入微观层次，进一步探究当前科技伦理风险治理面临的新困境；通过对科技伦理风险的特殊性分析，明确技术快速迭代背景下科技伦理风险控制的制度供给重点，设计上海国际科创中心建设中科技伦理治理的制度化路径。

第一节　技术快速迭代的背景解析

"迭代"的概念起源于数学领域，是指为逼近既定目标所进行的一种重复反馈过程的活动，每一次对过程的重复就是一次迭代，每一次迭代的结果将会作为下一轮迭代的初始值，开启新的迭代活动。技术迭代是指通过技术创新的方式实现新兴技术对传统技术的更迭。[1]但科技创新的发展通常不会是单兵突进，而是在某类技术代差之内，多种创新要素"螺旋式"卷入、联结、组合、进化的过程，技术迭代的形态由单一到多样、迭代的领域由窄及深、迭代的速度由慢到快。所以，技术迭代不只是对传统技术的更迭，还应涵盖新兴技术领域的算法重构及技术升级。同时，其外延还应包括整个技术生态的归零与超越。

从技术形成的内在逻辑视角解构，技术迭代可以看作是在"技术粒子—技术模块—技术系统"的逻辑构建下不断发展的过程，[2]其中，技术粒子是科学知识层面的元形态，具有"发现"属性；而技术模块和技术系统则是通过一定的因果逻辑和架构对科学的再建构，进

---

［1］　王舒曦、孙叶青：《技术迭代背景下领导干部创新思维的生成逻辑、运作机理及实践要求》，《中共中央党校（国家行政学院）学报》2021 年第 2 期。

［2］　俞荣建、李海明、项丽瑶：《新兴技术创新：迭代逻辑、生态特征与突破路径》，《自然辩证法研究》2018 年第 9 期。

而形成有机的技术系统和完整的产品架构；在此过程中所遵循的因果逻辑和架构路径可视为迭代规则。以原有技术系统为初始值，以技术应用过程中产生的新需求为导向，通过加入新的技术粒子或选择新的迭代规则，不断丰富技术模块，形成技术系统的又一次进阶和翻转，不断的循环往复、进化更新，进而在技术迭代与技术创新之间建立特定的联系（如图 8-1 所示）。

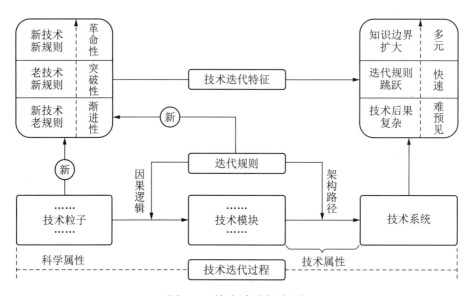

图 8-1　技术迭代概念图

　　第一种联系，新的技术粒子大量生成，但迭代规则相对稳定，运用新的技术知识，解决老的技术问题，为"渐进性技术创新"；第二种联系，技术粒子保持相对稳定，或引用新的技术粒子（这些粒子是别的科学门类已有的而非新产生的），但是，技术迭代规则发生根本改变，运用新的技术路径，解决老的技术问题，这种情况为"突破性技术创新"；第三种联系，新的技术粒子大量生成和技术迭代规则根本性改变同时发生，运用新的知识，采用新的路径，解决新的问题，意味着"革命性的范式创新"。伴随着智能制造、云计算和大数据等新兴技术在社会创新中越来越广泛的应用，新的科技革命和产业变革正在推进，创新已经从物质世界改造的技术范畴拓展到社会范畴，[1]从而具有深刻的颠覆性，技术迭代的特征发生巨大变化，可以归纳为以下三个方面。

1. 技术迭代诱因多元

第一，知识诱因。在现阶段开放交融的科技创新生态中，促成技术迭代的技术粒子不再局限于单一学科领域的知识探索和积累，而是多学科领域的广泛交叉、渗透与融合下的多维集聚，知识元素之间的联结关系是松散而模糊的；基于这种模糊的知识关联，知识边界得以最大程度扩张，从而更多潜在的知识元素纳入新兴技术创新范畴，增加了技术迭代的可能性。

第二，生态诱因。科技创新的实现由技术发展与应用创新"双轮"驱动，传统的"实验室研发—技术开发—技术转化—推广应用"的线性封闭式科技创新模式被打破，研发投入、创新产出和成果转化过程中的边界逐渐模糊。[2]科技创新生态逐渐趋于开放化、网络化，呈现出鲜明的技术群落特点，即技术产品都需要众多技术组件的结合，而且技术组件的数量之多远超想象。多元主体参与的协同创新成为科技创新的新范式，[3]创新主体间联系更为紧密，其本质是充分调

［1］　朱富强：《从物质到社会：经济学研究对象的三阶段演变及其内在逻辑》，《浙江工商大学学报》2016 年第 1 期。

［2］　陈健、高太山、柳卸林等：《创新生态系统：概念、理论基础与治理》，《科技进步与对策》2016 年第 17 期。

［3］　陈劲、阳银娟：《协同创新的理论基础与内涵》，《科学学研究》2012 年第 2 期。

动企业、政府、高校、研究机构、中介机构及用户的协作参与，形成
网络嵌入式互动结构，加快推进科技创新及产业化过程，多层次助力
技术迭代。

2. 技术迭代速度加快

新兴技术创新的轨迹具有显著的非线性特征，其迭代过程、规则
更难以捕捉。

首先，技术生命周期缩短。信息技术及互联网发展的推动，知识
积累的速度加快，大规模、大范围的研发投入促使技术变革速度加
快，快速的技术变革引致复杂的经济结构变化与转型，与此同时，伴
随着产业组织的变化，新科技成果的应用、商业化与扩散过程也在悄
然发生变化。组织形态、产品特性、生产过程不断趋于数智化，使得
技术生命周期越来越短，技术翻新的速度变得越来越快，并呈现指数
化发展的特征，与之相应，技术发展指数化的一个必然后果是已有水
平的速度、广度、深度发生剧烈变化。

其次，新技术自组织能力增强。技术发展史表明，技术系统的演
化具有自创生、自生长、自适应、自复制等自组织特性。技术系统自
组织是指一种有序的技术结构自发形成、维持、演化的过程，即在没
有特定外部干预下，由于技术系统内部组分相互作用而自行从无序到
有序、从低序到高序、从一种有序到另一种有序的演化过程。[1]一
个系统的自组织功能越强，其保持和产生新功能的能力也就越强。譬
如，人工智能技术在发展过程中，20世纪50—60年代后期迎来第一

---

[1] 秦书生、陈凡：《技术系统自组织演化分析》，《科学学与科学技术管理》2003年第
    1期。

个发展高潮，后因技术缺陷进入冬眠期；20世纪80—90年代中期迎来第二个发展高潮，后再次进入冬眠期；直到2010年以后，随着能承载海量数据、超级算力、5G网络等的基础设施建设发展，自动生成新程序或数据并自主获取知识的"机器学习"技术被开发出，进而根据输入数据自动抽取特征量的"深度学习"技术得到进一步发展，技术规模快速成长，形成日渐成熟的技术群，短期内复制与仿制的能力提升，迎来了人工智能技术发展的第三次浪潮，并实现在诸多应用领域的广泛赋能，进而加速技术迭代过程。

3. 技术迭代后果难以预测

科学技术本身具有两面性且与未来可能性紧密相连[1]，技术加速迭代背景下，更需要关注未来技术指数化发展可能导致的负面影响。

一方面，技术应用前测周期缩短。在数字化浪潮的催动下，新兴技术正以前所未有的速度扩散，技术研发到应用的周期大大缩短，对于一项未经过实践和时间检验的新技术来说，其技术本身的稳定性难以保证，技术发展的方向具有未知性，技术与市场的互动结果无法预见。譬如，伴随信息技术的衍生发展，社交媒体成为网络霸凌和传播暴恐的温床，数据监控和大数据杀熟成为商家的盈利手段，这些都是技术快速迭代背景下非预期后果及风险的具体表现。

另一方面，外部干预效果不佳。当技术按正常速度有序演进时，问题伴随技术发展逐渐显现，通常会有时间去选择应对的方法与工具；但在技术加速迭代的背景下，往往未来得及响应，技术就可能以另一种全新的形态发展，所造成的社会后果具有不确

---

[1]　O. 雷恩、逸菡：《技术后果评价与技术后果评估》，《国外社会科学》2000年第6期。

定性。[1] 此外，技术的知识要素构成多元、多学科跨界融合、技术构成机理复杂，增加了对其社会后果预测的难度，导致外部性治理的滞后性，新兴技术发展的"科林格里困境"更加难解，这也是科技创新不确定性的核心体现。

技术快速迭代的过程需要反复探索，不断试错，跨边界的知识融合、迭代过程中的容错机制是促成技术快速更迭的基础，这也使得科技创新的边界、参与主体、要素互动、成果转化、社会后果充满各种不确定性和风险，使得科技伦理风险控制成为新形势下科技创新治理的重要研究课题。

第二节　科技伦理风险的识别和研判

科技创新指数级跃变过程中所产生的科技伦理风险是上海建设国际科创中心过程中难以回避的问题，通过界定科技伦理的内涵及外延，明确科技伦理的特征及风险表现，结合上海建设国际科创中心的核心产业发展战略布局，可以从社会、安全及治理三个层面识别和研判其中潜在的科技伦理风险。

一、科技伦理的内涵界定

科学技术是人对客观物质世界运动规律的认识并运用于生产实践

---

[1]　张成岗：《新兴技术发展与风险伦理规约》，《中国科技论坛》2019 年第 1 期。

的产物，对人类社会的影响具有"双刃剑"效应，从一开始就内嵌着人类伦理道德的成分，由此产生科技伦理问题。在持续的伦理反思与调适中，科技进步与科技伦理在矛盾的对立统一中不断前行，促进了以人为本的科技发展。科技伦理，是指与科技活动相关联的人或组织的行为规范和准则，它反映了科学活动的共同本质和人类对科技活动的共同理想，[1]即科技活动必须体现有利于人类社会的和谐发展和个人的自我完善的目的。赵志耘等学者从涉及的主体、伦理存在的形式和伦理的价值判断标准三个维度分析科技伦理问题。[2]从科技伦理所涉及的主体关系来看，科技伦理不仅涉及人与人、人与自然的关系，也因科学技术对人类自身的改造能力，而涉及人与科学技术产物之间的关系。从存在形式看，科技伦理既包括观念、情感、意志、信念等无形形式，也包括具体行动规范、标准等有形形式。从伦理价值判断标准看，科技伦理涵盖技术向善、责任、公正、不伤害、安全、可控、人类存续等多重价值标准。

　　在科技创新进入深水区，经济社会全面数字化、智能化的当下，深入研究新技术应用及其影响，已经成为亟须攻克的重大课题。只有发挥好科技伦理对科技创新及其应用的调节、引导和规范作用，才能促使科技活动朝着更加有利于人类和人类社会的方向发展，实现科技向善的目的。在这个意义上，科技创新是手段、科技伦理是保障，科技向善是目的，三者相互配合协调，缺一不可。[3]

［1］　华幸:《科技伦理内涵及研究意义》,《科技创业月刊》2009年第1期。
［2］　赵志耘、徐峰、高芳、李芳、侯慧敏、李梦薇:《关于人工智能伦理风险的若干认识》,《中国软科学》2021年第6期。
［3］　曹建峰:《人工智能伦理的深入研究迫在眉睫》,《互联网经济》2019年第4期。

科技伦理在发展过程中呈现三重向度：一是职业道德向度，研究科研主体和行为主体的道德规范；二是科技自身向度，研究科技本身的伦理价值；三是社会发展向度，研究科技负面效应的伦理应对策略。[1]此三重向度同样适用于"转折期"对科技伦理内涵及外延的解读。一方面，科技伦理可以使科学技术的应用有明确的道德理性引导，从而最大限度地减少出于邪恶目的利用科技成果的可能性；另一方面，科技伦理可以增强科技工作者对于科技开发后果的道德责任感，从而以道德理性的自觉最大限度地消解科技理性在社会负面作用上的不自觉。除此之外，科技伦理还可以对科学研究的方向选择、技术手段的利用等进行规范，从技术源头明确科学技术活动本身的伦理价值选择，最大限度地限制科技"向恶"。基于此，中共中央办公厅、国务院办公厅于2022年1月印发《关于加强科技伦理治理的意见》，将科技伦理定义为"开展科学研究、技术开发等科技活动需要遵循的价值理念和行为规范"，并提出我国加强科技伦理治理的总体要求及科技伦理原则，强调科技活动应客观评估和审慎对待不确定性和技术应用的风险，力求规避、防范可能引发的风险，防止科技成果误用、滥用，避免危及社会安全、公共安全、生物安全和生态安全。

二、科技创新的伦理风险识别和研判

技术快速迭代背景下，依据科技伦理在发展中呈现出的"三重向

[1]　李杨：《科技伦理研究的三重向度》，《大连理工大学学报（社会科学版）》2013年第2期。

度"，以"科学技术的负面社会后果""科学技术自身的伦理失衡"及"科研技术人员职业道德失范"三个方面为标准，识别和研判上海建设国际科创中心面对的潜在科技伦理风险。

（一）社会风险：技术后果的负面效应凸显

多领域交叉的复杂创新情境使得科技创新活动发生的领域、阶段及节奏难以预测，科技创新的发展态势、演化规律难以把握。基因编辑、大数据隐私及人工智能技术的发展及应用构建了新的技术生态，但在市场应用过程中也隐藏着社会冲突和伦理隐忧，技术后果的社会风险凸显，并逐渐成为新的风险源，具体表现为：

1. "去人工化"后的失业隐患

科技创新一方面会使得经济发展更加高效，带来生产方式和生活方式的转变。另一方面，传统的经济增长模式和就业创造方式也将逐渐失效，失业与垄断可能进一步加剧。无人超市、唇语识别、财务机器人、教育机器人、智慧法院（智能机器人导诉）、智慧泊车、智医助理、骨科手术机器人等的探索应用，人工智能的岗位替代作用及其对工作模式的重构将深刻影响就业安全，导致技术性失业。麦肯锡在2017年发布的《未来产业：自动化、就业与生产力》报告显示，预计到2055年，全球经济体的有薪工作中，49%将借由改善现有科技而实现自动化，而受自动化影响最大的国家为中国与印度。2019年，麻省理工学院发布研究报告称，过去20年，美国有36万—67万工作岗位被机器人夺走，未来10年，还将有350万个岗位被人工智能替代。如何让大规模的就业人口适应技术广泛应用背景下更深入更全面的自动化进程，提前做好部分专业技术岗位被大规模替代的思想准备和工作准备，应该成为各国在推进工业智能化时应同时关注的重要议题。

2. 数据泄露侵犯隐私

人脸识别技术的广泛应用，从设备解锁、刷脸支付到安检、安防、犯罪侦查等，在带来效率、便利并增进社会福祉的同时，也不断引发歧视偏见、隐私保护、个人自由、伦理边界等争议。建立在大数据和深度学习基础上的人工智能技术，需要海量数据来学习训练算法，从而引致数据盗用、信息泄露和个人侵害的风险。2015年，中美两国都发生了社保信息泄露事件。中国上海、河南等19个省市上千万人的身份证、社保参保、薪酬、房产等5279万条敏感信息被泄露。美国第二大医疗保险公司遭黑客攻击，8000万用户的姓名、出生日期、社会安全号、家庭地址及受雇公司等个人信息受到影响[1]。

3. 智能鸿沟影响加剧

技术创新应用不均衡带来的数字鸿沟、智能鸿沟加剧。由于性别、种族、文化、城乡、受教育程度等方面的差别，一部分人群在接触和获得以数字化和算法为代表的新生产力时天然处于劣势，譬如残障人士、贫困人口等弱势群体就无法充分参与数字化和智能化的进程，这不仅造成了这些群体在信息获取和发展机遇方面的不对称，并且将进一步加剧贫富差异和金字塔形社会的固化。除了发达国家与发展中国家、富裕人口与贫困人口之间的极大差距，还有一条显著的鸿沟在年轻与年老的社会群体之间。在算法依据互联网大数据进行自动

---

[1] 国务院发展研究中心国际技术经济研究所：《2019世界前沿技术发展报告》，电子工业出版社2019年版。

化决策的时，有可能在决策过程和相关的资源分配上将老年群体边缘化甚至彻底遗忘。[1]

4. 人机互联监管失控

2018 年 9 月，美国巴特尔纪念研究所（Battelle Memorial Institute）的科学家通过分析四肢瘫痪患者的大脑活动数据，开发出深度学习算法"脑机接口解码器"，可向患者前臂肌肉直接传递电刺激，从而恢复瘫痪肢体的运动功能。2019 年 4 月，美国加州大学旧金山分校开发出将大脑电信号转换为语音的脑机接口技术，目前该技术的转换能力达到每分钟 10 个单词。在产业界，埃隆·马斯克（Elon Musk）创办的 Neuralink 公司于 2019 年 7 月宣布研发出一款可连接苹果手机的侵入脑机接口系统，未来很有可能利用脑机接口来对抗癫痫、重度抑郁、自闭症、阿尔兹海默症、帕金森综合征等目前难解的神经疾病。[2] 但脑机接口存在计算机崩溃或遭到黑客攻击的潜在风险，可能对大脑机能产生不利影响。另外，情感计算技术的发展使人机情感交互更为自然，神经科技和脑机接口会绕过大脑和身体正常的感觉运动功能，扰乱人们对于身份和能动性的认知，[3] 从而对传统社会交往、家庭结构等道德法律形成挑战。

5. 生物技术伦理隐忧

生命科学和生物技术日新月异，并与人工智能、材料和能源技术

---

[1] 浮婷:《算法"黑箱"与算法责任机制研究》，中国社会科学院大学博士学位论文，2020 年 6 月。

[2] 国务院发展研究中心国际技术经济研究所:《2019 世界前沿技术发展报告》，电子工业出版社 2019 年版。

[3] Yi Zeng, Kang Sun, Enmeng Lu. 2021: "Declaration on the ethics of brain-computer interfaces and augment intelligence". AI and Ethic, January.

交叉融合创新发展，产生"引领性、突破性、颠覆性"影响。3D 打印技术催生出会"呼吸"的人造器官，为人类器官移植带来福音；新基因编辑系统"先导编辑"问世，分子剪刀向超精确迈进，进一步推动精准医疗的发展。基因编辑、合成生物学和微生物组学等领域的诸多重要进展和重大突破，正推动生物产业不断成长，成为继信息产业之后新的主导产业。

然而，快速发展的生物技术一旦被滥用和谬用，会给社会带来新的挑战，凸显出全球生物安全风险。"基因编辑婴儿"这一震动生命科学界的事件及新近一些有关基因编辑安全性的研究结果，引发人们对于这一技术安全风险的关切。合成生物学、基因编辑技术引发改造人类自然属性的正当性和公平性等伦理问题，挑战人的基本价值和权力理念。人类对于新技术在未来可能产生的伦理失范和风险失控影响仍缺乏必要的认知深度，这将对社会发展产生难以预料的影响。美国国立卫生研究院（NIH）呼吁，全球基因编辑临床研究应聚焦于体细胞，应暂停人类生殖细胞相关试验的开展，来自美国、德国、中国等7 个国家的十余名顶尖科学家也在《自然》期刊呼吁，全球应暂停有关遗传性基因编辑的临床研究工作。

（二）安全风险：网络安全和致毁知识危机升级

科技创新强度的不均衡进一步导致国家、区域间技术鸿沟的扩大，不确定性持续增加。这种不确定性进一步映射到国际关系及国家安全方面，使得网络安全和致毁知识的危机逐步升级。

1. 网络安全风险升级

当前，中国面临的网络安全问题呈现新的发展趋势。移动设备、数据中心和物联网设备数量持续增长，造成网络安全攻击不断增加，尤其是针对关键基础设施的网络攻击增加，波及范围扩大且网络漏洞的防范难度增加；网络攻击呈现规模化、手段智能化的趋势，5G技术关联着海量的物联网设备，但多数物联网设备的安全防护措施简陋，极易被黑客控制，利用规模化物联网设备发动网络攻击的威胁大增。黑客将人工智能、区块链等新技术融入网络攻击手段，使网络攻击难以追踪、监控和防范。英国牛津大学研究证实，无人机和自动驾驶汽车极有可能被不法分子劫持，变成危险武器。

2."致毁知识"危机升级

致毁知识可能导致的危机逐渐浮现，核裂变知识、链式反应知识、DNA重组技术、人工智能技术和基因编辑技术的核心原理、核心技术，如果被应用于制造毁灭性武器，其带来的危害是不可逆和不可抵消的，并且难以进行有效约束。人工智能武器是继火药和核武器之后战争领域的第三次革命。智能武器可自动寻找、识别、跟踪和摧毁目标，包括精确制导武器、智能反导系统、无人驾驶飞机、无人操作火炮、智能地雷和自主多用途智能作战机器人等现代高技术兵器，它将成为未来战场主力军，信息处理和计算能力成为战争胜负的决定因素。2020年11月27日，伊朗核物理学家穆赫辛·法赫里扎德遭枪击身亡，刺杀者所使用的武器是由卫星控制、融入人工智能技术的机枪，通过远程遥控完成刺杀，凶手踪迹难寻。此类事件恐将放大国际社会产生冲突的风险，导致失控的军备竞赛，且不能排除人工智能技术操控核武器的可能。"非国家行为体"研发及使用智能武器的风险也不利于武器管控，增加冲突的不确定性，造成伤害平民的人道主义风险。

更为严重的是，研发制造 AI 武器、基因武器并不需要稀缺的原材料，且核心知识很容易扩散，两用性生物技术滥用风险剧增。随着生命实验技术门槛降低，以及材料和设备的获取广泛可及，生物黑客这种隐蔽性强、监管难、破坏性大的团体或个人越来越活跃，出现恶性发展的态势。若不及时禁止，将给人类社会带来巨大危机和挑战。

（三）治理风险：网络与数据安全监管困难

互联网、人工智能和区块链技术的发展创造了更加便利的交流环境和虚拟生活空间，同时给政府治理带来新的挑战，治理范围的扩大且对智能治理没有成熟的经验可直接借鉴，导致治理成本增加，治理的不确定性凸显，全面考验政府的制度供给及能力供给。

1. 网络治理问题突出

数字暴力（Digital Violence）、虚拟霸凌（Cyber Bullying）、数据权力化等对政府治理形成新的挑战。数据垄断和算法操控可能形成新的权力独裁，当数据资源与算法平台脱离公共属性而向少数人或组织集中时，必将挑战现行的权力结构，导致对国家的政治安全、经济安全和社会稳定的负面影响；不法组织将社交媒体作为宣传暴恐和分裂思想、煽动网络暴力的召集、组织和落地实施的平台，给国家主权、社会稳定造成极大威胁。2019 年，全球几十个国家和地区发生的内乱都与此有关，引起各国对加强社交媒体监管的高度重视。英国政府2019 年 4 月发布《网络危害白皮书》，首次将政府对社交媒体公司的监管具体化，坚决遏制谣言、极端言论、恐怖袭击和网络霸凌等信息和视频的传播。此外，互联网公司利用算法引人上瘾的产品设计，无限追踪、分析、评估行为数据并完成精准推送，挤占碎片时间的同时也影响人们独立思考、社会交往及情绪处理的能力，尤其对未成年人的成长产生不利影响。

2. 数据安全漏洞难补

数据作为智能社会发展的重要基础性要素，代表了未来先进生产力发展的方向。根据国际数据公司（*International Data Corporation*，IDC）发布的《数字化世界——从边缘到核心》《2025 年中国将拥有全球最大的数据圈》两份报告，2018—2025 年，中国数据总量年均增速高达 30%，将远高于全球平均水平。其中，2018 年，中国共产生 7.6ZB 数据，预计 2025 年我国数据总量有望增至 48.6ZB，占全球 27.8%，其总量远超美国的 30.6ZB。[1] 但全球范围内对于数据资源的产权归属、使用及交易场景、跨境流动、数据税收、利益分配及责任分担等方面的数据治理规则还不完善，还不能防范数据偏见及数据深度造假所带来的风险。2018 年 5 月，欧盟《通用数据保护条例》（General Data Protection Regulation，GDPR）正式生效。该条例加强对个人信息的保护，规定任何收集欧盟公民个人数据的公司都需要在用户知情并同意的情况下才能展开相关工作，否则将被处以高额罚款。相较于美欧推进的数据战略和顶层设计，作为数据大国，我国也应重视数据安全漏洞的监管，开展数据程序合规、安全管理、自律公约、行业规制、数据主权及数据流动原则等议题讨论，进一步形成完善的管理规范。

---

[1] 张茉楠：《跨境数据流动：全球态势与中国对策》，《开放导报》2020 年第 2 期。

在上海建设国际科技创新中心取得瞩目成就的同时，也要意识到在技术快速迭代发展中伴随出现的科技伦理风险并予以重视，进一步明确科技伦理风险控制的特殊性及重要性，在系统分析科技创新伦理风险治理困境的基础上，积极探索敏捷治理路径。

第三节　科技伦理风险的治理困境

"民为邦本"是推进和拓展中国式现代化的核心轴线，增进人民福祉是发展全过程人民民主、丰富人民精神世界、实现全体人民共同富裕、促进人与自然和谐共生、推动构建人类命运共同体、创造人类文明新形态、实现高质量发展的最终目标。但在充满"易变性、不确定性、复杂性与模糊性"的 VUCA 环境下，经济安全、科技安全、网络安全、资源安全、海外利益安全及太空安全等新型安全领域的"非传统安全"问题正不断涌现，尤其在技术快速迭代背景下，新一轮科技革命和产业变革导致全球范围内新兴前沿技术的战略性竞争升级，颠覆性科技成果正在重构技术结构、转变创新范式并重塑社会体系，使得科技创新活动呈现出明显的 VUCA 特征，进而诱发技术异化和治理困境。世界经济论坛发布的《2022 年全球风险报告》对当前经济、社会、环境和技术紧张局势产生的关键风险进行了分析，认为"数字不平等"和"网络安全"等科技风险是世界面临的关键短期和中期威胁。[1] 我国在建设世界科技强国、寻求高质量发展的道

---

[1]　世界经济论坛：《2022 年全球风险报告》，2022 年 1 月 11 日发布。

路上也会越来越紧迫地直面这些挑战，科技伦理风险治理的必要性凸显，上海在国际科创中心新一轮发展中应将科技伦理治理作为重要议题予以重视。

随着以科技主导的社会生产力跃升，现代科技迭代暴发的态势与风险附着不确定性相伴相生，导致发展与治理间的矛盾在短期内很难解决，也使得新兴技术的治理难以被置于现有的法律框架之下，需要通过科技伦理问题与安全风险治理的"软体系"来促进利益相关主体的共同探索，为新的治理体系和治理机制形成准备条件。[1]

一、科技伦理准则体系的实践困境——以人工智能 伦理准则为例

在全球范围内，绝大部分国家和机构的科技伦理治理实践都是以准则（原则）的制定为开端，将其作为合理控制风险的第一步。以人工智能技术为例，近年来在全球范围内由政府、企业、社会机构、国际组织、学术团体等利益相关主体提出的治理原则或倡议已有 150 多个，一度出现暴发的态势。以人工智能伦理准则为代表的"软体系"先行，在全球范围内广泛讨论治理风险、提出预期治理目标、构建预测性治理机制、提出敏捷性治理方案，将是实现硬法规制的先导性探索。

---

[1]　贾开、薛澜：《人工智能伦理问题与安全风险治理的全球比较与中国实践》，《公共管理评论》2021 年第 1 期。

但是，科技伦理准则作为管治标准和引导规则，其落地实施的有效性如何？成为各界热议的话题，以人工智能伦理准则为例，学者们普遍认为 AI 伦理原则要求下的新兴治理技术发展是实现准则落地的关键，但往往涉及复杂的、差异化的技术环节及周期。吴文峻等认为，需要尽快探索可信 AI 的测试、验证、解释和溯源等 AI 治理技术的集成和应用，以建立可行且全面的技术框架和解决方案来实现 AI 模型、算法和产品中的伦理约束。[1] 伦理原则应被转化为指导 AI 系统设计和实施的软件规范，对 AI 隐私性、安全性和公平性的要求应贯穿 AI 模型开发和 AI 系统运行的整个生命周期。相关控制实验研究表明，现有的准则规范并不能影响利益相关体在参与人工智能开发和应用过程中的合规行为。[2] 且相当多的准则规范是由私人部门所提出，可能作为抵制政府强监管的借口而流于形式，[3] 还有学者提出人工智能伦理原则在内容上存在缺失或争议[4]。

由此看来，全球范围内存在文化差异，且可能存在缺失或争议的科技伦理准则，是否可以真正激励相关主体的参与，并引致技术开发和应用等科技活动中的合规行为，还是只是流于形式？如何让科技伦理准则更好指导实践，敏捷应对新兴科技发展中的科技伦理风险？本章以人工智能伦理治理为切入点，通过分析现阶段人工智能伦理准则

---

[1] WU W, HUANG T, GONG K. 2020: "Ethical Principles and Governance Technology Development of AI in China". Engineering.

[2] Mcnamara A, Smith J, Murphy-Hill E. 2018: "Does ACM's code of ethics change ethical decision making in software development?" The 26th ACM Joint Meeting(ESEC/FSE): ACM.

[3] BENKLER Y. 2019: "Don't let industry write the rules for AI". Nature, May.

[4] 贾开、薛澜：《人工智能伦理问题与安全风险治理的全球比较与中国实践》，《公共管理评论》2021 年第 1 期。

体系的内容及其演变趋势，进而探究准则的实施困境及其破解之道，并尝试回应上述问题。

（一）人工智能伦理准则体系的内容分析

以代表性人工智能准则文本为研究对象，采用内容分析法，利用文本挖掘手段提取准则文本中的关键词和主题信息，聚合出核心主题并分析其内容特性、主体特征及影响范畴，并以此为基础，探究准则间的内在联系。同时，通过分析 AI 准则关键词的阶段性特征，研判全球 AI 伦理共识的演变趋势，以探索 AI 伦理治理的关键走向，为进一步推动伦理准则的实践应用提供理论基础。

1. 数据来源与研究设计

（1）数据来源

依托中国科学院自动化研究所"类脑认知智能实验室和人工智能伦理与治理研究中心"开发的 LAIP——链接人工智能准则平台。研究选取数据库中收录的 92 条在 2016—2022 年之间发布并被明确逐项记录的代表性人工智能伦理准则，[1]以此为数据样本进行相关内容分析，准则基本情况统计如表 8-1 所示。

从各类主体发文情况来看，三类主体准则发布的数量几乎持平，展现了不同主体考虑人工智能伦理问题的角度与侧重。发布准则数量最多的是政府和政府间组织，占到统计总数的 38%，行业组织 AI 伦理准则的发布数量占比为 29%，在一定程度上体现出社会各界对这

---

[1]　人工智能伦理准则以指南、细则、计划、宣言、框架、伦理标准等形式呈现，人工智能相关的技术标准不包括在本书研究中。

表 8-1　准则基本情况统计

发布主体类型	准则数量	备注
政府、政府间组织	35	
学术界、非营利组织、非政府组织	30	
行业组织	27	
国家及区域（前五位）	准则数量	
美国	28	
国际组织	15	**政府间组织**：根据多边国际条约建立的组织，如联合国、世界气象组织
中国	12	**非政府组织**：强调与政府组织的区别
英国	7	**非营利组织**：强调与企业组织的区别
日本	5	
加拿大	5	**国际组织**：G20、OECD、IEEE、WTO 等
发布时间阶段	准则数量	
2016—2017 年	18	
2018—2019 年	56	
2020—2022 年	18	

一问题的关注和重视；从发布主体所在的国家及区域看，排名前六位的是美国、国际组织、中国、英国、日本、加拿大，其中，国际组织准则发布数达到 15 条，从全球视野和人类福祉等更宏大背景下建立观察与理解人工智能伦理风险治理的方向；从国家发布准则的情况来看，美国和中国的数量最多，这与人工智能技术的研发与应用程度相吻合。从准则发布的时间阶段来看，AI 伦理治理大致可划分

为三个阶段，分别是初步探索阶段（2016—2017 年）、原则暴发阶段
（2018—2019 年）、实践应用阶段（2020—2022 年），这与人工智能技
术研发与应用、技术风险整体认知程度相适配。

（2）研究方法与研究过程

研究基于 Python 语言构建整体模型，对准则文本进行量化分析。
一方面，通过抽取阶段关键词汇，挖掘全球范围内人工智能伦理准则
在不同阶段的关注重点，并绘制可视化词云图，更直观地判断阶段差
异；另一方面，提取准则主题，进一步理解人工智能伦理准则的内涵
分布及演进方向。具体研究过程如图 8-2 所示。

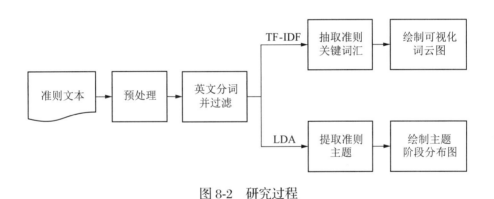

图 8-2　研究过程

词频逆文档频率 TF-IDF 算法（term frequency-inverse document
frequency）在文本挖掘中被广泛应用于衡量词汇对文本的重要程度。
该方法综合考虑词汇的频数及其在文本中的重要程度，提取具有显著
差异的关键词汇，以更好地表征准则文本中的信息。特定词汇的重要
性与其在该文本中的出现次数成正比，与其在所有文本中的出现次数
成反比。本书研究采用平滑后的 IDF 计算方法，词汇 w 在一篇文本
中的 TF-IDF 权重计算公式为：

$$TF\_IDF(w) = \frac{N_W}{N} \times \left(\log\left(\frac{Y+1}{Y_w+1}\right) + 1 \right)$$

其中，N_w 表示词汇 w 在该文本中出现的次数，N 表示该文本总词汇数，Y 表示总文本数，Y_w 表示含有词汇 w 的文本数。对 TF-IDF 权重进行归一化处理后，每篇文本词汇权重之和等于 1。计算候选词汇在准则文本中的 TF-IDF 权重，得到权重较高的多个名词性质词汇，作为该准则文本的关键词汇，反映不同时期人工智能伦理准则着力点的演变过程。

隐含狄利克雷分布 LDA（Latent Dirichlet Allocation）模型，基于狄利克雷分布和贝叶斯算法提取文本所包含的潜在主题信息和主题的词汇分布。该模型考虑主题概率分布的先验知识，认为准则内容围绕一个或多个主题展开，而主题由词汇的概率分布确定。对于某篇文本中的每一个词汇，需要从该文本的主题分布中随机选择一个主题，再从主题对应的词汇分布中随机选择一个词汇，重复该操作直至所有文档全部生成，最终求解获得准则文本的主题分布和主题的词汇分布。其原理如图 8-3 所示。

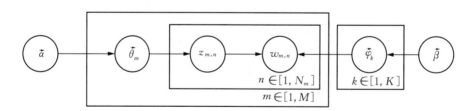

图 8-3　LDA 模型及其原理

其中，M 表示文本数量，N_m 表示文档中的词汇，K 表示主题数量；α 为主题分布的先验分布，θ_m 为第 m 篇文本的主题分布，$z_{m,n}$ 为第 m 篇文本中第 n 个词对应的主题，$w_{m,n}$ 为第 m 篇文本中的第 n 个词；β 为词汇分布的先验分布，φ_k 为第 k 个主题的词汇分布。通过评估不同主题数模型的困惑度，确定最优的模型主题数量，从而提取准则主题及其词汇分布，并在此基础上理解人工智能伦理准则的内涵及发展历程。

2. 研究结果分析

（1）以准则关键词对比阶段差异

图 8-4 统计了 2016—2022 年间全球范围内发布的 AI 伦理准则中 11 个核心关键词出现的频次，展示了全球视角下对人工智能伦理风险关注的重要方向。有学者指出，不同国家和地区出台的人工智能伦理准则的关注重点存在差异，譬如中国更关注人类福祉，要求尽可能降低对用户造成的消极后果；欧盟更关注公平，限制性原则较多；美国更关注可控性，较少关注分享，[1] 这在一定意义上表明了跨国伦理挑战的事实存在。

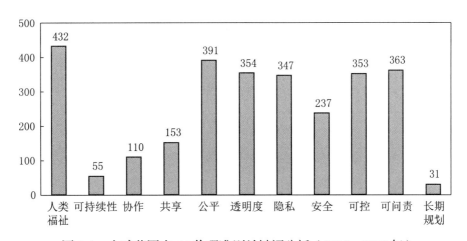

图 8-4　全球范围内 AI 伦理准则关键词分析（2016—2022 年）

注：数据来源：https://www.linking-ai-principles.org/（LAIP 平台），数据获取日期：2023 年 1 月 2 日。

---

[1]　陈小平：《人工智能伦理导引》，中国科学技术大学出版社 2021 年版。

结合人工智能技术发展轨迹和本书研究搜集的数据分析结果，从初步探索（2016—2017 年），原则暴发（2018—2019 年）、实践应用（2020—2022 年）三个阶段分析人工智能伦理准则的阶段性特征（如图 8-5 所示）。

（a）AI 准则关键词   （b）AI 准则关键词   （c）AI 准则关键词
2016—2017 年   2018—2019 年   2020—2022 年

图 8-5　准则文本的阶段关键词

从 AI 伦理风险议题被提出，到各界纷纷提出或制定伦理原则并广泛寻求共识，再到探索把原则转化为实践的机制、做法及工具等，每个阶段的治理侧重点各异，准则的表述也不同。通过比较图 8-5 三个阶段的关键词聚合及变化情况，可作出如下判断：首先，AI 准则一直与技术发展关系密切，"技术、算法、系统、数据"等关键词在三个阶段的权重都比较高，围绕技术实体制定和发展伦理规则，如透明性（transparency）、决策（decision）、隐私（privacy），但经历了原则大暴发阶段后，逐步跳出技术系统，开始关注部署应用和社会影响，对风险（risk）的关注度逐渐提升。随后，进入实践应用阶段（2020—2022 年），考量伦理准则在实践中应用的权重逐步提升，应用（application）在词云图中被重点凸显出来；从实践参与主体的角度来看，第一、二阶段较为笼统地谈及利益相关者（stakeholder）作用的发挥，在第三阶段则强调行动者（actor）的实践行为；最后，在人工智能伦理准则发展的三个阶段中，法律（law）一直没有被凸显出来，这意味着无论是从行为规制还是行为奖励的角度，都鲜有将人工智能伦理规范确认为法律规范的实质性探讨。

（2）以准则主题考察体系演变

通过对 92 条准则文本提取准则主题，参照 LDA 模型的困惑度曲线和主题含义，确定准则核心主题的数量为 5，对词汇内容进行概念性归纳后的主题类别名称分别为"通用性准则""行业发展准则""技术系统准则""制度干预准则""实践性准则"。核心主题对应的代表性词汇及其概率分布，反映出人工智能伦理准则的内涵分布及演进方向。各核心主题包含的部分代表性词汇如表 8-2 所示。

表 8-2　准则核心主题

核心主题	词项	相关度	词项	相关度	发布主体数量
通用性准则	系统	0.05542	人类福祉	0.01178	a(18); b(21); c(18)
	数据	0.02779	发展	0.01145	
	决策	0.01554	人权	0.01126	
	技术	0.01551	使用权	0.01094	
	原则	0.01543	隐私	0.01003	
行业发展准则	智能	0.04840	技术	0.01289	a(1); b(2); c(1)
	权利	0.02443	安全	0.01151	
	发展	0.01809	条例	0.01142	
	可循环	0.01428	数据	0.01080	
	保障	0.01349	生命权	0.01010	

（续表）

核心主题	词项	相关度	词项	相关度	发布主体数量
技术系统准则	发展	0.01764	规则	0.01295	a(4); b(3); c(5)
	应用	0.01652	服务	0.01227	
	产品	0.01490	客户	0.01099	
	技术	0.01321	数据	0.01014	
	权利	0.0132	安全	0.00887	
制度干预准则	系统	0.03963	研发人员	0.01596	a(2); b(1); c(0)
	使用者	0.03753	应用部署者	0.01498	
	数据	0.02068	准则	0.01310	
	风险	0.02034	判断	0.01204	
	注意事项	0.01870	责任	0.01158	
实践性准则	系统	0.02521	使用	0.01316	a(10); b(3); c(1)
	开发	0.02035	代码	0.01112	
	行动者	0.020134	技术	0.01104	
	儿童	0.01652	机构	0.01014	
	应用	0.01454	方法	0.00849	

注：（1）a 代表 Governments & Intergovernmental Organizations；（2）b 代表 Academia，NPO & NGO；（3）c 代表 Industry；（4）a（18）代表由政府和政府间组织发布的通用性准则有 18 条。

由表 8-2 可以发现，通用性准则聚类的关键词比较全面，既涉及人类福祉、可持续发展等高阶价值层次，也聚焦技术系统、数据安全、个体隐私、使用者权力等低阶价值层次，其发布主体的分布也非常均衡，代表了政府、业界及社会对人工智能伦理治理问题讨论的广度和宽度。行业发展准则更关注人工智能产业赋能数字化发展中的自律、合作、数据共享、技术安全等方面，其数量相对较少，发布主体以行业组织为主体，譬如上海市人工智能产业安全专家咨询委员会发布的人工智能安全发展上海倡议（2019）。技术系统准则关注人工智能技术研发及应用中的透明性、可预测性及数据公平等，强调人工智能产品和服务安全，重视保障客户、政府及雇员等利益相关者的权益，其发布主体以领军企业为主。以政府及政府间组织为主体发布的制度干预准则，聚焦于人工智能技术研发及应用的可问责性、推进风险评估，寻求将伦理规范上升为法律规制的可能，强调规则和职责。实践性准则将负责任研发和创新作为发展宗旨，注重应用层面的实质性行动，也提出了具体的政策导向，其发布者主要以政府和政府间组织为主，对人工智能产品的伦理品质提出要求。

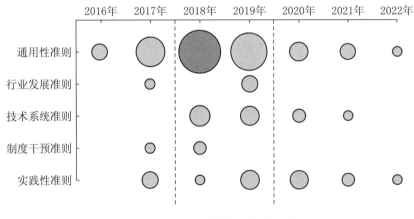

图 8-6 核心主题的阶段化分布

本章也从时间轴角度对这五个核心主题的阶段化分布作了可视化呈现，如图 8-6 所示，其结果与上文所划分的三个准则发展阶段相吻合，并呈现出鲜明的阶段性特征。尤其在 2018—2019 年这一阶段，呈现出"多管齐下"的态势，准则指向性较多，五类核心主题都有分布。值得注意的是，制度干预性准则的数量不多，关注度不高，这与目前广泛讨论的，在人工智能技术当前发展中进行制度干预的程度和方式该如何把握的议题有关，以解决技术发展与治理的平衡问题，也在一定程度上说明了人工智能伦理制度化过程中存在伦理治理的困境。

同时，本章选取准则发布数排名前五的国家（详见表 8-1），从国别维度考察每一条准则的核心主题分布情况，如图 8-7 所示，颜色越深，代表该主题分布概率越高。整体来看，与技术发展程度及现阶段科技伦理规制的需求相适应，各国各类主体对核心主题的关注度各有侧重，围绕通用性准则取长补短，丰富了 AI 伦理治理议题的讨论维度。但细化到具体国家层面，可以研究发现核心主题分布并不均衡，一是存在主题缺失，如中国和国际组织未出现"制度干预准则"主题，日本和美国未涉及"行业发展准则"主题；二是主题分布单一，如德国发布的 AI 伦理准则主要对应"技术系统准则"主题，俄罗斯大多围绕"实践性准则"主题设置内容，英国、加拿大则重点聚焦于通用性准则。

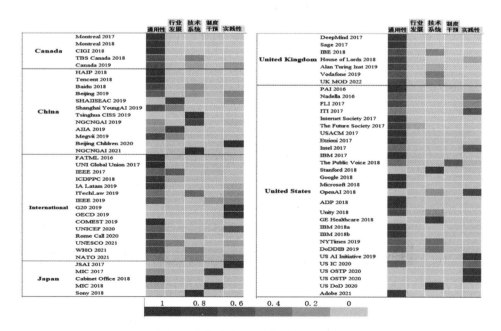

图 8-7　核心主题分布的国别比较

（二）人工智能伦理治理共识的演进趋势

总体来看，全球范围内的代表性人工智能伦理准则一方面肯定了人工智能技术全领域应用给社会带来的革命性变化，另一方面也充分表达了对依托数据、算法和算力的人工智能技术应用潜在伦理风险的隐忧，并广泛寻求共识以实现规范发展。本章研究以同一年发布的准则中主题分布概率的算数平均值作为当年的主题强度[1]，主题强度逐年演进趋势如图 8-8 所示。

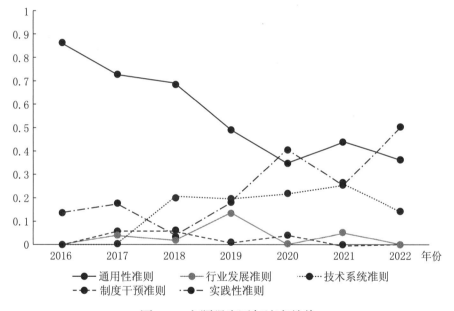

图 8-8　主题强度逐年演变趋势

从准则的具体内容看，这些伦理治理共识的演进呈现出六大趋势（如图 8-9 所示）。

---

[1]　杨慧、杨建林：《融合 LDA 模型的政策文本量化分析——基于国际气候领域的实证》，《现代情报》2016 年第 5 期。

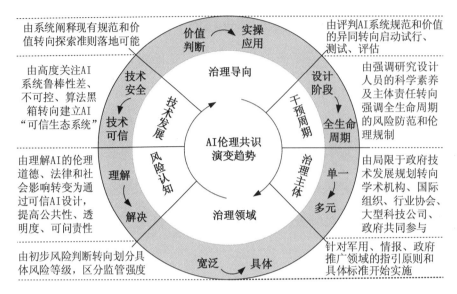

图 8-9　AI 伦理共识的演进趋势

第一，由理解风险走向解决风险。世界主要经济体逐渐意识到 AI 技术快速迭代对社会的重构效应及潜在问题，应对风险的紧迫感日益增强。

第二，由强调技术安全转向技术可信。2018 年之后，内涵更为全面的"可信"价值逐渐发展为人工智能技术研发的引领性共识，除强调人工智能技术要"安全可控"外，"透明可释、数据保护、明确责任、多元包容"等可信特征也得到广泛认可。

第三，由关注伦理价值判断走向实操应用。人工智能伦理治理进一步转向实践层面，探索一致性、兼容性价值规范落地的可能。

第四，伦理干预由设计阶段拓展到全周期。在联合国教科文组织发布的《人工智能伦理问题建议书（2021）》中"AI 系统的整个生命周期"出现频次多达 51 次，关于 AI 技术治理阶段性的认识逐渐趋于清晰和深化。

第五，治理主体由单一扩展到多元。相关领域的学术机构、国际组织、行业协会、大型科技公司与政府共同作为治理主体，探讨可信 AI 实践的可能性。

第六，治理领域由宽泛趋于具体。从 2020 年开始，在对风险认知趋于清晰的基础上，针对军用、情报、政府推广等具体领域的指引原则和具体标准开始实施，AI 伦理治理的领域不断聚焦。

综上所述，人工智能伦理治理共识从"风险认知、技术发展、治理导向、干预周期、治理主体、治理领域"等多个维度渐渐指向"实践"。AI 伦理准则虽已达到一定数量规模，也随着技术成熟度提升、应用场景具体化及风险认知科学化不断演进，并在全球范围内形成若干关键共识，期望通过关键共识及规范要求的实施来合理控制风险。但是，近年来业界及学术界都指出伦理准则落地难的问题，将伦理价值观嵌入当前的 AI 治理框架仍需应对诸多挑战。

（三）人工智能伦理准则的实践困境

现阶段，关于人工智能伦理的讨论大多围绕关键准则展开，譬如欧盟的"可信赖的人工智能"伦理准则（Draft Ethics Guidelines for Trustworthy AI）、电气与电子工程师协会（Institute of Electrical and Electronics Engineers，简称 IEEE）的"合乎伦理的设计：一般原则"（Ethically Aligned Design：General Principles）等准则，为后续研究提供了讨论基础。但也有学者指出 AI 伦理准则间存在冲突、重叠及缺失，准则的实质性分歧、归属领域或参与者不清[1]，难以找到切实

---

[1]　贾开、薛澜：《人工智能伦理问题与安全风险治理的全球比较与中国实践》，《公共管理评论》2021 年第 1 期。

的实践落脚点，需要进一步厘清关键核心原则间的关系。结合上文聚合出的"通用性准则、行业发展准则、技术系统准则、制度干预准则、实践性准则"五类核心主题，本章试图从组织、技术和制度三个层面分析关键核心原则的关系，探究实践困境（如图 8-10 所示）。

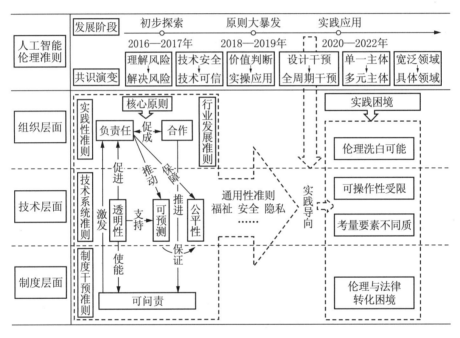

图 8-10　人工智能核心伦理原则的关系及实践困境

技术层面指向"技术系统准则"，选取"透明性、可预测性和公平性"作为核心原则。算法与数据的透明性既涉及 AI 技术本身，也涉及 AI 系统开发行为，可预测性则可看作是透明度的一个子集[1]，透明可释的技术过程是预测智能行为的有力支撑，为发展满足期望的 AI 提供支持，促进"负责任"研发行为，并使"可问责"

---

[1]　Vakkuri V., Kemell K. K., Kultanen J., et al. 2020: "The Current State of Industrial Practice in Artificial Intelligence Ethics", IEEE Software, April.

成为可能。此外，数据偏见及数字鸿沟等公平性问题也属于技术系统需要解决的难题，可预测性则是保证公平的基础。组织层面指向"实践性准则"和"行业发展准则"，选取"负责任"和"合作"作为核心原则。"负责任"侧重于人工智能研究及开发行为要合乎伦理，"合作"是行业打破数据孤岛和技术壁垒，营造自律、可持续发展氛围的有效机制；负责任研发行为有助于推动可预测性，保障公平性，促成组织间数据共享和模型开发等合作行为，形成良性发展的生态，而建立在合乎伦理要求基础上的合作需求也有利于推进负责任研发、推动可问责的实现。制度层面指向"制度干预准则"，选取"可问责"作为核心原则，旨在厘清利益相关者的责任问题，通过明确责任来实现共同担责，激发负责任行为。上述原则引导的最终目标是共同促进通用性准则的实施，以真正实现人类福祉、保证技术安全和可持续发展。

厘清关键伦理准则关系，是对准则的实质性分歧、归属领域和参与者等基础性认知的完善，是健全人工智能伦理治理框架的基础。然而，相关研究表明，现有的人工智能伦理准则并不有效，无法完全在实践中被采用。[1][2] Vakkuri 等将 39 家与 AI 系统合作公司的实践与"值得信赖的人工智能道德准则"中 7 个关键要求进行比较，发现人工智能伦理准则与实践之间确实存在显著差距，尤其针对软件开发的

［1］ Mcnamara A., Smith J., Murphy-Hill E. 2018: "Does ACM's code of ethics change ethical decision making in software development?", The 26th ACM Joint Meeting(ESEC/FSE).: ACM.

［2］ Khan A. A., Akbar M. A., 2022: "Fahmideh M., et al. AI Ethics An Empirical Study on the Views of Practitioners and Lawmakers", Computers and Society, June.

社会和环境福利需求以及多样性、非歧视和公平的要求，并没有被充分考虑和解决。[1] 基于前期探索，本书研究将人工智能准则的实践困境概括为以下几点：

1. 伦理准则可操作性受限

人工智能伦理准则的出台为可信 AI 实践提供了探索的起点，但准则的可操作性受到多重因素影响。首先，伦理准则不是现成的方法，在实践中运用准则需要开展额外的工作，如开发关键领域的治理性技术和工具、形成组织内部的管理制度、提升实践能力等，并要尽可能让伦理准则对技术开发者、部署应用者及产品使用者都更实用，而针对道德困境，直接通过设计数学函数为伦理规则和价值观建模往往很难，其次，准则往往关注的是 AI 系统设计和开发中较宏观的问题，而业界目前可用的、备受关注的治理工具只能覆盖研发过程中一小部分的伦理风险，尚无项目级方法提供更为便捷且普适的治理思路和治理框架。再次，针对一些影响周期长、不确定的伦理问题，现阶段所提倡的伦理准则缺失或存在争议，作用边界模糊，技术端应对标的不明确。

2. 伦理准则考量要素不同质

对于准则中提及的风险问题，很难评估现实努力在多大程度上实现了既定目标，或者是否存在相互矛盾的可能。[2] 第一，伦理准则间关联交错难以厘清，如"可预测性原则"与"透明性原则"之间就很难区分，"可问责性原则"与"负责任原则"的作用重点不同但表述相

---

[1] Vakkuri V., Kemell K. K., Kultanen J., et al. 2020: "The Current State of Industrial Practice in Artificial Intelligence Ethics", IEEE Software, April.

[2] Mittelstadt B. 2019: "Principles alone cannot guarantee ethical AI", Nature Machine Intelligence, November.

似，有的伦理原则作用于组织层面，有的伦理原则直接指向技术层面，但准则间又存在互动关系，容易产生错误引导；第二，对于伦理准则内涵的理解存在差异，全球范围内的文化差异导致风险评估的思路和方法存在差别，技术标准不统一，伦理准则的规约范围不一致，制度规范的力度和侧重点不同，不利于开展全球人工智能伦理治理合作。

3. 伦理准则存在伦理洗白可能

企业是可信 AI 实践的主体，人工智能伦理准则要与企业的技术研发活动、产品开发及部署应用环节相对应，要与企业文化相一致，并在企业成员之间形成共识、有效内化，伦理准则的实施还需要企业组织制度的保障。企业以盈利为导向的生存守则与为人类谋福祉的伦理准则之间存在逻辑冲突，使得私营部门参与 AI 伦理治理受到质疑。企业参与制定伦理准则，可能只是虚假信号，旨在推迟或完全避开监管。[1] 为 AI 技术系统和产品贴上"道德标签"，实现伦理"拔高"，但由于自身治理技术及能力缺乏，或者只是将其作为维护企业社会形象的工具，成为逃避监管的手段，存在伦理洗白的可能性。此外，目前由大型科技企业在技术、组织制度层面的伦理风险治理探索，能否辐射到数智转型中的大部分中小企业和以 AI 为核心的初创企业，成为产业生态的重要组成部分，尚无定论。

4. 伦理准则与法律存在转化困境

《关于加强科技伦理治理的意见》指出，"'十四五'期间，重点加强生命科学、医学、人工智能等领域的科技伦理立法研究，及时推

---

[1] Mittelstadt B. 2019: "Principles alone cannot guarantee ethical AI", Nature Machine Intelligence, November.

动将重要的科技伦理规范上升为国家法律法规"。这一意见聚焦新兴技术发展对传统伦理观念和现行法律制度带来的深刻影响和冲击，提出了整体性治理要求。从学理上来说，法律与伦理在规范价值层次、调整范围、规范方式和强制程度等方面存在很大差异，但又是相互联系、相互影响，[1]二者的转化存在一定的条件限制。

首先，伦理准则所承载的价值有层次高低之分，并具有不同的适用效力。而法律在复杂关系调整和多元利益调适中必须保持"中立""公正""普适"，所以法律规范只可能吸收伦理规范体系中最基本的内容和要求。[2]在人工智能伦理治理领域，"隐私""数据安全"等准则所承载的价值属于低层次规范，作用边界清晰且适用效力高，可以确认为法律规范以实现规制，我国先后出台《个人信息保护法》《数据安全法》作为响应；而"科技向善""人民福祉"等伦理准则属于高层次的伦理价值，由于其立法效应难以保证，在实践应用中难以抓取而容易被束之高阁，很难完成"软硬"转化。

其次，伦理作为法律的基本来源与重要补充，在一般情况下，主要是指伦理的精神实质和价值取向为法律所选择或者吸收，一般都要对伦理规范进行降格化和具体化的立法技术处理，增加了转化难度。

二、科技伦理准则体系实践困境的治理导向

在新兴前沿技术进入发展快车道并广泛渗透的背景下，科技伦理

---

[1] 刘华：《法律与伦理的关系新论》，《政治与法律》2002年第3期。
[2] 徐向华：《中国立法关系论》，浙江人民出版社1999年版。

准则为科技伦理治理框架构建赋予了顶层价值，为合理控制风险提供了重要指引，成为引导科技伦理治理技术生态、组织生态及制度生态构建的软体系，但准则的实践适用性却引起广泛争论。本章研究以人工智能伦理准则为切入口，选取全球范围内的代表性伦理准则，运用文本计量的方法，瞄准准则发展的时间轴，完成了准则关键词的阶段对比差异分析、准则核心主题的聚合体系分析，进而总结出世界范围内人工智能治理共识的六大演进趋势，实践导向得以凸显。

人工智能技术内生和应用外生的伦理风险具有特殊性，其负面效应无法立即显现且难以直接量化，风险来源较为复杂，治理经验普遍缺乏。伦理准则对 AI 技术研发及应用的行为指导和规约还不能马上对接，伦理准则与制度层面的立法、立规还不能有效衔接，伦理治理要求与企业主体可信 AI 实践之间还存在一定偏差。本书从组织、技术及制度三个层面分析了人工智能伦理准则中关键核心原则的关系，并进一步探讨了人工智能伦理准则的实践困境，其研究成果可为科技伦理治理提供治理导向。

对于技术层面存在的"准则可操作性受限"及"准则考量要素不同质"的实践困境，其症结在于准则中所规定的规范性目标缺乏实际影响力，需要通过改进或补充准则提升其有效性。可以尝试从抽象的伦理价值和原则中提炼出具体的技术实现内涵，列出问题清单，进而补充更详细的技术解释，将开发、实施和使用 AI 系统的实践与伦理治理所设定的价值观和原则关联起来。

对于组织层面存在的"伦理洗白"可能，要将伦理准则与人工智能企业的技术研发活动、产品开发及部署应用环节对应起来，尝试在可信 AI 的关键实践中系统定义符合伦理的设计方法和框架，并通过组织制度和流程再造予以固化，以填补 AI 准则与实践应用之间的缝隙。要推进组织全员化的系统伦理教育，将伦理规范有效内化并融入企业文化。打破 AI 研发的封闭环境，人工智能企业要与社会公众务实沟通 AI 技术及产品可信的边界，重视用户知情权、隐私及透明度。推动人工智能行业自律并提倡合作共建，实施政府优先采购导向，奖励并宣传典型实践案例，鼓励行业可信 AI 实践的发展。

对于制度层面存在的"准则与法律转化"困境，政产学研各界要深刻意识到，相较于具有社会指向、影响范围大且具有"底线限定"功能的法律来说，伦理具有鲜明的"非强制性、非约束性"特征，会根据不同技术发展阶段、不同群体的认知波动而动态演进，具有"高线锚定"功能，主要依托各利益相关主体自愿、无约束力的合作行为且没有具体的执行机制，二者的转化需要一定的条件，只能做到相对同化、适度转化，可逐步形成相互补充的治理框架。

第四节　科技伦理治理的制度化路径

与全球范围内科技快速进步及创新成果高速转化相伴随，科技风险频频亮灯示警。尽管风险的发生只是一种可能性，但科技活动过程及结果的未知性必然会加剧风险的不可控，尤其是在基因技术、人工智能等尖端科技领域，少数人的失范行为有可能威胁社会稳定和生态安全，侵犯人的生命尊严。致毁知识可能导致的危机也逐渐浮出水面。韩春雨、贺建奎等事件进一步引发关于"如何在科学技术与伦理道德间架起桥梁，以引导科技向善发展？"的广泛讨论。显然，科技伦理风险对科技治理形成巨大挑战。为发挥科技伦理的核心规约作用，从治理角度化解科技伦理风险，国家科技伦理委员会于 2019 年 7 月组建，标志着科技伦理治理的新进展，也意味着相关机制、政策、法律体系建设，以及科技伦理教育将逐渐步入正轨，这一系列"制度化"举措将成为构建科技伦理治理体系的重要基石。

上海作为国家科技创新发展的排头兵，将努力成为科学新发现、技术新发明、产业新方向、发展新理念的重要策源地。上海在科技体制机制创新、创新成果转化、创新创业环境、创新主体及科普基础设施等方面都较为完善，在科技伦理治理方面也应积极先试先行，分析技术迭代背景下对科技伦理治理的制度供给要求，以查验上海建设国际科创中心在科技伦理治理方面的制度短板，提升科技伦理治理制度供给的质量与效率，推动预测性治理理念的贯彻和执行，形成"划红线与谋发展、守底线与占高地"并行的、敏捷的科技伦理治理体系，为上海建设国际科创中心提供制度保障。

2019 年 5 月，上海国家新一代人工智能创新发展试验区揭牌，明确了建立健全政策法规、伦理规范和治理体系的相关任务。2019世界人工智能大会治理主题论坛上，青年科学家代表发布《中国青年科学家 2019 人工智能创新治理上海宣言》，强调人工智能发展需要遵循的伦理责任、安全责任、法律责任及社会责任，并提出一系列原则和共识。但前期研究也表明，科技伦理准则体系作为控制风险的起点，其落地实施还存在诸多困境，这也提示上海市各有关部门在解决相关问题时，不应仅强调价值观和原则，也应该关注关键实践和应用场景，具体问题具体分析。科技创新的伦理风险表现在社会、安全、治理等多个领域，已经成为新的风险源，需要预先分类分级，做到提前防范，合理控制风险，进一步提升科技创新治理的效能，为上海建设国际科技创新中心提供制度保障。

作为一种弱制度，伦理规范的有效性受到很大限制，其作用的发挥需要通过相应的机构和制度来保障和强化，并将普适性的规范和要求传导应用到实践中去，科技伦理治理亦是如此。所谓科技伦理治理的制度化，是将科技伦理规范转化为社会普遍认可的固定模式，并通过机构和制度予以执行的过程。制度化的过程既需要自下而上的讨论，充分听取不同主体的意见，也要有自上而下的制度安排和组织架构设计，将抽象的伦理价值具体化，将科技伦理治理的基本原则规则化，强化可操作性，做到弱制度、强规范，强化其规约作用。科技伦理治理制度化的过程必须以重视科技伦理的"政府理念"和"价值设计"为前提。如图 8-11 所示，其核心过程应包括以下四个层面。

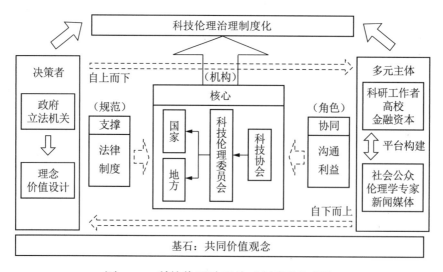

图 8-11 科技伦理治理的"制度化"框架

1. 确立共同的科技伦理价值观

提升全社会的科技伦理责任意识，形成一致的价值取向；通过高校、科研院所开设科技伦理课程，开展科技伦理教育，提升科研工作者及潜在科研工作者的职业道德水平和科技伦理素养，增强防范科技伦理风险的自觉性和敏感性；发挥媒体科普作用，推动公众对科技伦理问题的关注和传播，增进对科技伦理价值和逻辑的理解。

2. 强化科技伦理治理的制度供给

共同的价值观需要有规可循，规范注重的是普遍性而非特殊性，应明确划定科技伦理的红线，对越轨行为进行惩戒。这就要求政府相关部门和立法机构加强研究，不断完善科技伦理治理的制度基础，使科技伦理相关政策的出台和实施有法可依；细化伦理审查规则，将技术规范和伦理守则以"制度化"的方式落实到科技活动的管理实践和技术细节中。上海可积极探索特定技术领域的科技伦理的动态评估制度，在科技创新阶段嵌入伦理反思机制，鼓励专家、公众对科技发展可能方向及其影响进行讨论，并将科技向善纳入科技产品设计中，可借鉴荷兰开展建构式伦理评估项目、欧盟《通用数据保护条例》中的相关理念和方法。现阶段科技伦理风险的治理需要发挥科技伦理委员会及科技管理部门的监督职能，通过建立沟通平台和渠道，降低立法者、从业者及使用者对准则内涵理解的差异度，在风险评估等级较高的应用领域进行立法探索，逐步建立与科技伦理治理相互补充的法律框架。

3. 建立多层次监管体系

要以国家科技伦理委员会等机构为核心，建立健全中央、地方两级监管机制，制定可行的工作流程，开展科技伦理论证、评估和审查工作，为推进相关立法提供依据，为科技伦理规范的实施提供制度平台。我国已出台一系列针对具体领域的科技伦理规范条例，譬如《涉及人的生物医学研究伦理审查办法》（2007 年发布，2016 年修订）、《人类器官移植条例》（2007 年）、《人类遗传资源管理条例》（2019 年）等，在一定程度上奠定了相关领域伦理问题监管的法律与制度基础。在这些条例中，都提出一项指导性原则："在各个领域的研究单位及管理机构中组建伦理委员会，其职责是对相关领域科学研究的伦理风险及科学性进行综合审查、咨询与监督"，提供政策咨询，以强化外部监管。但并未明确伦理委员会的具体工作流程及监管范围，导致职能受限。在此基础上，上海应进一步探索提升伦理审查机构正式化水平，并适度扩大伦理审查范围。从域外科技伦理治理技术较为成熟国家的治理经验来看，伦理审查机构一般包括两种模式：以美国为代表的政府监管下的内部管理模式；以英国、法国等多数欧洲国家为代表的国家直接建立中心化伦理审查机构模式。[1]目前我国还处于弱伦理审查实践阶段，伦理审查容易流于形式，需要强化政府对医学机构、科技企业等内部伦理审查的监管，提升伦理审查机构正式化水平。此外，鼓励建立各科技领域的专业技术协会，结合专业特点，以价值中立的角色审查伦理问题，作为监督的有益补充。

4. 倡导多主体协同共治

科技伦理治理问题需要多领域、多主体的广泛参与，构建完整且联系紧密的治理结构，实现职能互补。政府要提供制度基础，同时加

---

[1] Maureen H. Fitzgerald, Paul A. Phillips. 2006: "Centralized and noncentralized ethics review: a five nation study", Accountability in Research, January.

强监管；科研工作者要明确科学研究中的伦理责任，坚守科技伦理底线；伦理学专家要参与科技伦理顶层制度设计，跨学科地提出审查原则；高校、科研机构等要加强基础理论研究，包括如何制定相应的科技伦理原则及可实施的管理规范、如何加强科技伦理教育和社会传播问题等；新兴技术研发和应用机构要增强科技伦理风险的敏感性及评估能力，提倡负责任的创新。尝试在学术界与公众之间建立沟通对话的平台，使得科技伦理风险以适当方式公开并进行讨论，为在实践中不断修正科技伦理治理原则提供可能。这一过程同样需要媒体及伦理学专家参与其中，以保证科技伦理审查的时效性和全面性。同时，着力保障媒体宣传的真实性和客观性。这些举措都需要"制度化"保障才能得以实施。基于多主体协同共治的共识性倡导，上海的科技伦理委员会与科技管理部门可主导探索搭建"科技伦理讨论与反思的公共论坛"，致力于在澄清科技客观事实的前提下，为不同价值事实主张与价值观念主张提供辩论空间，[1] 帮助公众对具体领域的科技伦理问题有全面与深入的理解；建立向监管机构提供分析报告或科技监管政策建议的渠道。

通过以上科技伦理治理的"制度化"设计，可以实现目标间平衡，将科技伦理转化为科技工作者的自觉意识，并贯彻到科技活动实践中，将风险降低到最低程度，为上海建设国际科创中心提供科技伦理的制度保障。

---

[1] 谢尧雯、赵鹏：《科技伦理治理机制及适度法制化发展》，《科技进步与对策》2021 年第 16 期。

参考文献

1. 鲍健强、安原和雄:《JSPS：日本科技进步的助推器》,《科学学研究》2001 年第 1 期。

2. 曹建峰:《人工智能伦理的深入研究迫在眉睫》,《互联网经济》2019 年第 4 期。

3. 陈搏:《全球科技创新中心评价指标体系初探》,《科研管理》2016 年第 37 期。

4. 陈健、高太山、柳卸林等:《2016 创新生态系统：概念、理论基础与治理》,《科技进步与对策》2016 年第 17 期。

5. 陈劲、阳银娟:《协同创新的理论基础与内涵》,《科学学研究》2012 年第 2 期。

6. 陈劲:《科技创新：中国未来 30 年强国之路》,中国大百科全书出版社 2020 年版。

7. 陈静、黄萃、苏竣:《中美人工智能治理研究比较分析——基于文献计量视角》,《电子政务》2020 年第 12 期。

8. 陈强、朱艳婧:《美国联邦政府支持基础研究的经验与启示》,《科学管理研究》2020 年第 6 期。

9. 陈强、鲍竹:《上海国资创投的问题、原因及对策研究》,《科学管理研究》2018 年第 2 期。

10. 陈强、陈玉洁:《德国支持高成长性创新型企业发展的政策措施及启示》,《德国研究》2019 年第 1 期。

11. 陈强:《科技创新治理能力亟待提高》,《光明日报》2020 年 7 月 30 日。

12. 陈小平:《人工智能伦理导引》,中国科学技术大学出版社 2021 年版。

13. 陈晓勤:《科研数据共享困境与提升路径研究》,《科学管理研究》2019 年第 4 期。

14. 崔淑芬、翁建武:《以更有力的举措推动国有企业技术创新》,《浙江经济》2021 年第 1 期。

15. 邓丹青、杜群阳、冯李丹、贾玉平:《全球科技创新中心评价指标体系探索——基于熵权 TOPSIS 的实证分析》,《科技管理研究》2019 年第 14 期。

16. 窦文章、赵玲玲、陈梦:《能提高企业研发绩效和创新成果的战略和机制——基于中美两国的经验》,《服务科学和管理》2020 年第 5 期。

17. 杜德斌:《对加快建成具有全球影响力科技创新中心的思考》,《红旗文稿》2015 年第 12 期。

18. 杜德斌:《建设全球科技创新中心,上海与长三角联动发展》,《张江科技评论》2019 年第 1 期。

19. [美] D. E. 司托克斯:《基础科学与技术创新:巴斯德象限》,周春彦等译,科学出版社 1999 年版。

20. 樊春良:《国家战略科技力量的演进:世界与中国》,《中国科学院院刊》2021 年第 5 期。

21. 范旭、李瑞娇:《美国基础研究的特点分析及其对中国的启示》，《世界科技研究与发展》2019 年第 6 期。

22. 范旭、黄业展、林燕：《广东省基础研究水平的评价研究——基于 2009—2014 年的统计数据》，《科技管理研究》2017 年第 10 期。

23. 浮婷：《算法"黑箱"与算法责任机制研究》，中国社会科学院大学博士学位论文 2020 年 6 月。

24. 傅尔基：《"十四五"时期上海国资国企深化混合所有制经济改革研究》，《科学发展》2021 年第 4 期。

25. 傅尔基：《充分发挥上海国企在加快"四个率先"中的主导先锋作用（上）》，《上海企业》2008 年第 12 期。

26. 傅尔基：《充分发挥上海国企在加快"四个率先"中的主导先锋作用（下）》，《上海企业》2009 年第 1 期。

27. 高奇琦、张鹏：《论人工智能对未来法律的多方位挑战》，《华中科技大学学报（社会科学版）》2018 年第 1 期。

28. 郭涵宇、肖广岭：《日本高校研发基础性经费研究及其对中国的启示》，《中国科技论坛》2021 年第 1 期。

29. 国务院发展研究中心国际技术经济研究所：《2019 世界前沿技术发展报告》，电子工业出版社 2019 年版。

30. 国务院发展研究中心国际技术经济研究所：《2020 世界前沿技术发展报告》，电子工业出版社 2020 年版。

31.《国资国企改革融合创新发展（笔谈）》，《上海市经济管理干部学院学报》2016 年第 5 期。

32. 洪银兴：《科技创新与创新型经济》，《管理世界》2011 年第 7 期。

33. 胡锋：《上海深化国企改革的实践探索及发展路径》,《上海市经济管理干部学院学报》2017 年第 3 期。

34. 华幸：《科技伦理内涵及研究意义》,《科技创业月刊》2009年第 1 期。

35. 季宇：《关于上海国资运营平台探索众创空间运营模式的思考》,《上海建材》2017 年第 4 期。

36. 贾宝余、王建芳、王君婷：《强化国家战略科技力量建设的思考》,《中国科学院院刊》2018 年第 6 期。

37. 贾开、薛澜：《人工智能伦理问题与安全风险治理的全球比较与中国实践》,《公共管理评论》2021 年第 1 期。

38. 贾无志：《欧盟科研基础设施开放共享立法及实践》,《全球科技经济瞭望》2018 年第 5 期。

39. 简珍珍：《国有企业科技创新与管理工作研究》,《中国高新科技》2020 年第 23 期。

40.《健全关键核心技术攻关新型举国体制》,《光明日报》2022年 9 月 30 日。

41. 姜乾之、徐珺、张靓：《上海国资国企竞争力、影响力和活力评估及提升思路》,《科学发展》2020 年第 6 期。

42. 蒋玉宏、王俊明、徐鹏辉：《美国部分国家实验室大型科研基础设施运行管理模式及启示》,《全球科技经济瞭望》2015 年第 6 期。

43. 雷恩、逸菡：《技术后果评价与技术后果评估》,《国外社会科学》2000 年第 6 期。

44. 李红林、曾国屏：《基础研究的投入演变及其协调机制——以日本和韩国为例》,《科学管理研究》2008 年第 5 期。

45. 李玲娟、张畅然、余江:《支撑美国高水平基础研究的法律治理研究》,《中国科学院院刊》2021 年第 11 期。

46. 李南山:《上海国企改革 40 年:回顾、演进与反思》,《上海市经济管理干部学院学报》2019 年第 17 期。

47. 李培楠、赵兰香、万劲波等:《研发投入对企业基础研究和产业发展的阶段影响》,《科学学研究》2019 年第 1 期。

48. 李晓华:《"新经济"与产业的颠覆性变革》,《财经问题研究》2018 年第 3 期。

49. 李杨:《科技伦理研究的三重向度》,《大连理工大学学报(社会科学版)》2013 年第 2 期。

50. 李增军、李梦阳:《人工智能的若干伦理问题》,《中国发展观察》2020 年第 21 期。

51. 李政:《新时代增强国有经济"五力"理论逻辑与基本路径》,《上海经济研究》2022 年第 1 期。

52. 刘贺、胡颖、王冬梅:《国家大型科研仪器现状及其开放共享分析研究》,《科研管理》2019 年第 9 期。

53. 刘华:《法律与伦理的关系新论》,《政治与法律》2002 年第 3 期。

54. 刘庆龄、曾立:《国家战略科技力量主体构成及其功能形态研究》,《中国科技论坛》2022 年第 5 期。

55. 刘文勇:《颠覆式创新的内涵特征与实现路径解析》,《商业研究》2019 年第 2 期。

56. 刘笑、胡雯、常旭华:《颠覆式创新视角下新型科研项目资助机制研究——以 R35 资助体系为例》,《经济体制改革》2021 年第 2 期。

57. 刘浉颖、董诚、韩旭:《国外科研基础设施开放共享机制探索》,《科学管理研究》2021 年第 1 期。

58. 刘益东:《致毁知识与科技伦理失灵:科技危机及其引发的智业革命》,《山东科技大学学报(社会科学版)》2018 年第 6 期。

59. 刘益东:《致毁知识增长与科技伦理失灵:高科技面临的巨大挑战与机遇》,《中国科技论坛》2019 年第 2 期。

60. 刘永谋:《科学、技术与公共政策研究述评》,《中国人民大学学报》2013 年第 3 期。

61. 刘云、安菁、陈文君等:《美国基础研究管理体系、经费投入与配置模式及对我国的启示》,《中国基础科学》2013 年第 3 期。

62. 刘云、翟晓荣:《美国能源部国家实验室基础研究特征及启示》,《科学学研究》2022 年第 6 期。

63. 刘作仪:《基础研究评价若干问题的认识》,《科学学研究》2003 年第 4 期。

64. 柳立:《2020 年:金融风险防控不能松懈》,《金融时报》2020 年 7 月 20 日。

65. 罗晖、程如烟:《加大基础研究和人才投资 提高长远竞争力——〈美国竞争力计划〉介绍》,《中国软科学》2006 年第 3 期。

66. 罗新宇、马丽、周天翔、王廷煜:《国有资本服务科技创新的探索与思考》,《中国企业改革发展 2020 蓝皮书》。

67. 罗仲伟、任国良、焦豪、蔡宏波、许扬帆:《动态能力、技术范式转变与创新战略——基于腾讯微信"整合"与"迭代"微创新的纵向案例分析》,《管理世界》2014 年第 8 期。

68. 吕薇：《从国家战略出发将上海建成具有全球影响力的科技创新中心》，《中国经济时报》2015 年 8 月 7 日。

69. 马宁、刘召：《大型科研仪器共享体系研究》，《科技管理研究》2017 年第 18 期。

70. 庞立艳：《美国 DARPA 项目决策经验对我国加速基础研究产出和转化的启示》，《世界科技研究与发展》2022 年第 4 期。

71. 钱智、李锋、李敏乐：《找准自身优势，体现国家战略"上海建设具有全球影响力科技创新中心北京高层专家咨询会议"综述》，《科学发展》2015 年第 6 期。

72. 秦书生、陈凡：《技术系统自组织演化分析》，《科学学与科学技术管理》2003 年第 1 期。

73. 任彩茹、刘佳薇：《探索新研发：科技创新如何在变局中开新局》，《科技传播》2021 年第 14 期。

74. 任志宽：《新型研发机构产学研合作模式及机制研究》，《中国科技论坛》2019 年第 10 期。

75. 日本内阁府："ImPACT 绍介"，https://www8.cao.go.jp/cstp/sentan/seikagaiyo.pdf. 访问日期：2021 年 5 月 5 日。

76. 荣俊美、陈强：《基础研究"两头在外"如何破局？》，《中国科技论坛》2021 年第 11 期。

77. 上海市人民政府发展研究中心课题组、肖林、周国平、严军：《上海建设具有全球影响力科技创新中心战略研究》，《科学发展》2015 年第 4 期。

78. 上海市政协和嘉定区政协联合课题组：《提升汽车产业中心能级 推进嘉定新城高质量发展》，《联合时报》2021 年 12 月 10 日。

79. 石颖:《更好发挥国有企业在创新中的引领作用》,《新经济导刊》2021 年第 1 期。

80. 史世伟、向渝:《高科技战略下的德国中小企业创新促进政策研究》,《德国研究》2015 年第 4 期。

81. 宋刚、唐蔷、陈锐、纪阳:《复杂性科学视野下的科技创新》,《科学对社会的影响》2008 年第 2 期。

82. 宋潇、钟易霖、张龙鹏:《推动基础研究发展的地方政策研究:基于路径—工具—评价框架的 PMC 分析》,《科学学与科学技术管理》2021 年第 12 期。

83. 宋孝先、王茜、曲雅婷等:《美国科学研究经费"来源—执行"部门多元化及中国启示》,《中国软科学》2019 年第 8 期。

84. 苏竣、魏钰明、黄萃:《基于场景生态的人工智能社会影响整合分析框架》,《科学学与科学技术管理》2021 年第 5 期。

85. 谭慧芳、谢来风:《粤港澳大湾区:国际科创中心的建设》,《开放导报》2019 年第 2 期。

86. 谭文华、曾国屏:《从美国基础研究发展过程引发的几点思考》,《研究与发展管理》2003 年第 5 期。

87. 汪琛、孙启贵、徐飞:《基于价值嵌入的医疗人工智能伦理规制研究》,《中国科技论坛》2022 年第 8 期。

88. 王超、马铭、许海云等:《中美高水平基础研究人才对比研究——基于 ESI 高被引科学家数据分析》,《中国科技论坛》2021 年第 12 期。

89. 王凤玉、寇文淑:《研究型大学科技创新能力提升的政策变量——以美国科技政策为中心的考察》,《湖南师范大学教育科学学报》2019 年第 2 期。

90. 王利政：《我国基础研究经费来源分析及政策建议》，《科学学与科学技术管理》2011 年第 12 期。

91. 王舒曦、孙叶青：《技术迭代背景下领导干部创新思维的生成逻辑、运作机理及实践要求》，《中共中央党校（国家行政学院）学报》2021 年第 2 期。

92. 王溯、任真、胡智慧：《科技发展战略视角下的日本国家创新体系》，《中国科技论坛》2021 年第 4 期。

93. 王贻芳、白云翔：《发展国家重大科技基础设施　引领国际科技创新》，《管理世界》2020 年第 5 期。DOI: 10.19744/j.cnki. 11-1235/f.2020.0077.

94. 王珍愚、王宁、单晓光：《创新 3.0 阶段我国科技创新实践问题研究》，《科学学与科学技术管理》2021 年第 4 期。

95. 王子军、张海清、吴敬学：《当前国资国企改革发展领域几点争论的述评》，《经济体制改革》2012 年第 2 期。

96. 温锋华、张常明：《粤港澳大湾区与美国旧金山湾区创新生态比较研究》，《城市观察》2020 年第 2 期。

97. 温珂、蔡长塔、潘韬、吕佳龄：《国立科研机构的建制化演进及发展趋势》，《中国科学院院刊》2019 年第 1 期。

98. 吴红、杜严勇：《人工智能伦理治理：从原则到行动》，《自然辩证法研究》2021 年第 4 期。

99. 武汉大学中美科技竞争研究课题组：《中美科技竞争的分析与对策思考》，《中国软科学》2020 年第 1 期。

100.肖小溪、李晓轩：《关于国家战略科技力量概念及特征的研究》,《中国科技论坛》2021 年第 3 期。

101. 谢尧雯、赵鹏:《科技伦理治理机制及适度法制化发展》,《科技进步与对策》2021 年第 16 期。

102. 新华通讯社上海分社:《聚焦一号课题　建设科创中心　对话上海全国企领导》,上海人民出版社 2016 年版。

103. 徐向华:《中国立法关系论》,浙江人民出版社 1999 年版。

104. 阎晓峰:《国有企业在实施创新驱动发展中应发挥更大作用》,《中国经济周刊》2014 年第 48 期。

105. 杨超、陈明坪、袁泉、王燚:《上海市新城通勤人群出行特征分析》,《城市交通》2022 年第 2 期。

106. 杨慧、杨建林:《融合 LDA 模型的政策文本量化分析——基于国际气候领域的实证》,《现代情报》2016 年第 5 期。

107. 尹西明、陈劲、贾宝余:《高水平科技自立自强视角下国家战略科技力量的突出特征与强化路径》,《中国科技论坛》2021 年第 9 期。

108. 俞荣建、李海明、项丽瑶:《新兴技术创新:迭代逻辑、生态特征与突破路径》,《自然辩证法研究》2018 年第 9 期。

109. 袁永、李妃养、张宏丽:《基于创新过程的科技创新政策体系研究》,《科技进步与对策》2017 年第 12 期。

110. 曾国屏、谭文华:《国际研发和基础研究强度的发展轨迹及其启示》,《科学学研究》2003 年第 2 期。

111. 曾毅、包傲日格乐:《从虚拟现实到"元宇宙":伦理风险与虚实共治》,《哲学动态》2022 年第 9 期。

112. 张成岗:《新兴技术发展与风险伦理规约》,《中国科技论坛》2019 年第 1 期。

113. 张龙:《自动驾驶型道路交通事故责任主体认定研究》,《苏州大学学报（哲学社会科学版）》2018 年第 5 期。

114. 张茉楠:《跨境数据流动：全球态势与中国对策》,《开放导报》2020 年第 2 期。

115. 张仁开、刘效红:《上海建设国际创新中心战略研究》,《科学发展》2012 年第 11 期。

116. 张天然、王波、訾海波、朱春节:《上海五个新城职住空间特征对比研究》,《上海城市规划》2021 年第 4 期。

117. 张卫平、杨一峰:《2006 年德国科技发展综述》,《全球科技经济瞭望》2007 年第 3 期。

118. 张先恩、刘云、周程等:《基础研究内涵及投入统计的国际比较》,《中国软科学》2017 年第 5 期。

119. 赵俊杰:《美国能源部国家实验室的管理机制》,《全球科技经济瞭望》2013 年第 7 期。

120. 赵志耘、徐峰、高芳、李芳、侯慧敏、李梦薇:《关于人工智能伦理风险的若干认识》,《中国软科学》2021 年第 6 期。

121. 甄子健:《日本大企业开展基础研究情况调查》,《全球科技经济瞭望》2015 年第 8 期。

122. 周淦澜:《粤港澳大湾区科技创新能力研究——国际大湾区比较的视角》,《科学技术创新》2019 年第 34 期。

123. 周寄中:《创新的基础和源泉：基础研究的投入、评估和协调》,科学出版社 2008 年版。

124. 周小梅、黄婷婷:《日本基础研究投入多元化趋势及经验借鉴》,《决策咨询》2021 年第 3 期。

125. 周效门、杨畅:《上海国企政策跟踪研究》,《上海市经济管理干部学院学报》2016 年第 5 期。

126. 朱富强:《从物质到社会:经济学研究对象的三阶段演变及其内在逻辑》,《浙江工商大学学报》2016 年第 1 期。

127. 朱迎春:《我国基础研究经费投入与来源分析》,《科学管理研究》2017 年第 4 期。

128. Baum S. D. A Survey of Artificial General Intelligence Projects for Ethics, Risk, and Policy [J]. *SSRN Electronic Journal*, 2017 [2022-12-31]. https://www. ssrn. com/abstract=3070741.

129. Benkler Y. Don't let industry write the rules for AI [J]. *Nature*, 2019, 569(7755): 161−161.

130. Christensen C., Raynor M., Mcdonald R. What is disruptive innovation [J]. *Harvard Business review*, 2015, 93(12): 44−53.

131. Darpa 2019: "2019 Strategic Framework". https://www. darpa. mil/attachments/DARPA-2019-framework. pdf. 访问日期:2021 年 5 月 5 日。

132. Department for Business, Energy & Industrial Strategy, 2021: "UK to launch new research agency to support high risk, high reward science". https://www. gov. uk/government/news/uk-to-launch-new-research-agency-to-support-high-risk-high-reward-science. 访问日期:2021 年 5 月 5 日。

133. European Commission. Communication from the Commission to the European Parliament, the Council, the European Economic and Social

Committee and the Committee of the Regions on the Global Approach to Research and Innovation: Europe's strategy for international cooperation in a changing world［R］. Brussels, 18. 5. 2021 COM(2021) 252 final.

134. European Commission. European charter of access for research infrastructures.

135. EU-US Trade and Technology Council. U. S. -EU Joint Statement of the Trade and Technology Council, Paris-Saclay, France［R］. https://ec. europa. eu/commission/presscorner/detail/en/ip_22_3034, 发布日期: 2022 年 5 月 16 日。

136. Ha J., Kim Y. J., Lee J. W. Optimal Structure of Technology Adoption and Creation: Basic versus Development Research in Relation to the Distance from the Technological Frontier［J］. *Asian Economic Journal*, 2009, 23(3): 373-395.

137. Hirano Y. Public and Private Support of Basic Research in Japan［J］. *Science*, 1992, 258(5082): 582-583.

138. Holly Else. 2021: "Plan to create UK version of DARPA lacks detail, say researchers". *Nature*, February.

139. Jobin A., Ienca M., Vayena E. Artificial Intelligence: the global landscape of ethics guidelines:, 10. 1038/s42256-019-0088-2［P］. 2019.

140. Kaur D., Uslu S., Rittichier K. J. Trustworthy Artificial Intelligence: A Review［J］. *Acm Computing Surveys*, 2023, 55(2): 39.

141. Khan A. A., Akbar M. A., Fahmideh M., et al. AI Ethics An Empirical Study on the Views of Practitioners and Lawmakers［J］. *Computers and Society*, 2022.

142. Khan A. A., Badshah S., Liang P., et al. Ethics of AI: A Systematic Literature Review of Principles and Challenges ［C/OL］. The International Conference on Evaluation and Assessment in Software Engineering 2022. Gothenburg Sweden: ACM, 2022: 383-392 ［2023-01-05］. https://dl. acm. org/doi/10. 1145/3530019. 3531329.

143. Konishi K. Basic and Applied Research: A Welfare Analysis Basic and Applied Research ［J］. *Japanese Economic Review*, 2018, 69(4): 414-437.

144. Madsen L. D. National Science Foundation awards in the Ceramics Program starting in 2017 ［J］. *American Ceramic Society Bulletin*, 2018, 97(2): 32-33.

145. Martin J. D. The Simple and Courageous Course: Industrial Patronage of Basic Research at the University of Chicago, 1945-1953 ［J］. *Isis*, 2020, 111(4): 697-716.

146. Maureen H. Fitzgerald, Paul A. Phillips. Centralized and noncentralized ethics review: a five nation study ［J］. *Accountability in Research*, 2006, 13(1): 47-74.

147. Mcnamara A., Smith J., Murphy-Hill E. Does ACM's code of ethics change ethical decision making in software development? ［C］. the 2018 26th ACM Joint Meeting(ESEC/FSE): ACM, 2018: 729-733.

148. Mittelstadt B. Principles alone cannot guarantee ethical AI ［J］. *Nat Mach Intell*, 2019, 1(11): 501-507.

149. Nature. The number of researchers with dual US-China affiliations is falling. *Nature* 606, 235-236(2022). https://www. nature.

com/articles/d41586-022-01492-7，发布日期：2022 年 5 月 30 日。

150. Odagiri H., Nakamura Y., Shibuya M., Research consortia as a vehicle for basic research: The case of a fifth generation computer project in Japan ［J］. *Research Policy*, 1997, 26(2): 191–207.

151. Principles and guidelines for access and related services ［EB/OL］. ［2022-11-27］. https://op. europa. eu/en/publication-detail/-/publication/78e87306-48bc-11e6-9c64-01aa75ed71a1/language-en/format-PDF/source-276124020.

152. Reinhardt B. 2020："Why does DARPA work?". https://benjaminreinhardt. com/wddw. 访问日期：2023 年 1 月 8 日。

153. Seth D., Baum, 2017. A Survey of Artificial General Intelligence Projects for Ethics, Risk, and Policy. Global Catastrophic Risk Institute Working Paper 17-1.

154. Thiebes S., Lins S., Sunyaev A., Trustworthy artificial intelligence ［J］. *Electronic Markets*, 2021, 31(2): 447–464.

155. Tokgoz S., Private agricultural R&D in the United States ［J］. *Journal of Agricultural and Resource Economics*, 2006, 31(2): 212–238.

156. Vakkuri V., Kemell K. K., Kultanen J., et al. The Current State of Industrial Practice in Artificial Intelligence Ethics ［J］. *IEEE Software*, 2020, 37(4): 50–57.

157. Vakkuri V., Kemell K. K., Tolvanen J., et al. How Do Software Companies Deal with Artificial Intelligence Ethics? A Gap Analysis ［C/OL］. The International Conference on Evaluation and Assessment in Software Engineering 2022. Gothenburg Sweden: ACM, 2022: 100–

109〔2023-01-05〕. https://dl.acm.org/doi/10. 1145/3530019.3530030.

158. Waibel A. 2019: "What is DARPA? How to Design Successful Technology Disruption". https://isl. anthropomatik. kit. edu/downloads/ WhatIsDarpa. Waibel. pdf. 访问日期：2023 年 1 月 8 日。

159. Wu W., Huang T., Gong K. Ethical Principles and Governance Technology Development of AI in China〔J〕. *Engineering*, 2020, 6(3): 302−309.

160. Yi Z., Lu E., Huangfu C. Linking Artificial Intelligence Principles〔J〕. *AAAI-Safe AI*, 2019.

161. Yi Zeng, Kang Sun, Enmeng Lu. Declaration on the ethics of brain-computer interfaces and augment intelligence〔J〕. *AI and Ethic*, 2021(1): 209−211.

图书在版编目(CIP)数据

从建源到施策:新征程中上海国际科创中心建设/
陈强等著. —上海:上海人民出版社,2023
(上海智库报告)
ISBN 978 - 7 - 208 - 18492 - 3

Ⅰ.①从… Ⅱ.①陈… Ⅲ.①科技中心-建设-研究
-上海 Ⅳ.①G322.721

中国国家版本馆 CIP 数据核字(2023)第 154722 号

责任编辑 李 莹
封面设计 懂书文化

上海智库报告

从建源到施策
——新征程中上海国际科创中心建设
陈 强 鲍悦华 荣俊美 马永智
夏星灿 王 浩 鲁思雨 贾 婷 等 著

出 版 上海人民出版社
       (201101 上海市闵行区号景路 159 弄 C 座)
发 行 上海人民出版社发行中心
印 刷 上海新华印刷有限公司
开 本 787×1092 1/16
印 张 17.25
插 页 2
字 数 192,000
版 次 2023 年 9 月第 1 版
印 次 2023 年 9 月第 1 次印刷
ISBN 978 - 7 - 208 - 18492 - 3/F · 2838
定 价 78.00 元